carta à Terra
e a Terra responde

GENEVIÈVE AZAM

carta à Terra
e a Terra responde

Tradução **Adriana Lisboa**

Terra, não é isso o que desejas:
renascer em nós, invisível?
RAINER MARIA RILKE[1]

A revolução é o que nós somos,
não o que nos tornaremos,
é o que fazemos,
não o que faremos um dia.
É um experimento vivificante,
um processo vivo que se produz agora?
STARHAWK[2]

9 **prefácio**
por Ailton Krenak

11 **a pandemia, uma resposta da Terra**
(apresentação da autora à edição brasileira)

14 **a uma estranha correspondente**
  escrever-te nestes tempos de catástrofe? **16**
  você é a Terra-mãe **20**
  você é a Terra vista da Terra **24**
  você é nossa comunidade biótica **26**
  você é nosso "arco estelar" **27**
  escrevo a uma aliada **30**

32 **o que pode dizer uma terrestre?**
  eu te ignorei por tempo demais **34**
  tuas inquietações e tua alteridade fizeram
  com que eu caísse em mim **39**
  a atenção aos nossos apegos terrestres **44**

46 **por que crimes somos responsáveis**
  os hábitos da fuga às responsabilidades **48**
  por que terrores somos responsáveis? **52**
  reconhecer-te ingovernável **57**
  nossa responsabilidade não é delegável **62**

65 teus silêncios e teus furores

- como nos reconectarmos com a experiência sensível **67**
- ouvir você em vez de calcular **69**
- um silêncio turbulento **72**
- teus furores ruidosos **76**
- amplificar o rumor crescente **77**
- você inverte a ordem temporal **82**

84 você é a nossa memória

- a linguagem das pedras **86**
- teus arquivos inibem nossos preconceitos **89**
- a guerra geológica **94**
- resíduos em lugar de ruínas do tempo **97**

102 alianças que nos unem

- o próximo colapso **103**
- as comunidades extraordinárias que surgem das catástrofes **108**
- você desperta o nosso universo emocional **114**
- nós, os humanos, não estamos mais sozinhos **117**

123 resposta da Terra: mensagem aos terrestres

- eu sou seu ecúmeno **126**
- o antropoceno é um tanatoceno **129**
- deixem em paz o meu lado selvagem **131**
- vocês são a fonte da ação política **134**
- às minhas amigas terrestres, minhas "amigas da Terra" **138**
- celebremos nossas alianças **141**

agradecimentos **143**
notas **145**
sobre a autora **159**

prefácio

Estou lendo a *Carta à Terra* com grande alegria, por me sentir irmanado com esta maravilhosa declaração de pertencimento à teia da vida, aqui expressa em linguagem que articula o amor ao organismo vivo de Gaia e indica que, para além das fronteiras culturais, alguns seres da constelação humana ainda sentem o *continuum* da existência no nosso único habitat, este que nos faz em constante recriação.

Este livro é uma luminosa voz de envolvimento com as fontes de criação e manutenção da vida no organismo da Pachamama, percebida como jardim a ser contemplado em fruição, esta possível presença em simbiose criativa com as constelações de seres que animam o planeta Terra. Como bem diz a autora a sua destinatária: "Você é aquela a quem escrevo com uma inicial maiúscula, a Terra. Eu teria preferido uma minúscula, pois não é minha intenção escrever ao planeta Terra, ao astro dos astrônomos, à soberba e única esfera azul, fotografada da abóbada celeste. Não escrevo à 'Terra vista do céu', distante, girando em torno de si mesma e ao redor do sol, sobre a qual eu seria uma espécie de 'passageira clandestina, independentemente da minha vontade'. Mas minha língua não te distingue do solo nutritivo, da terra escrita com minúscula. Gosto de ler nessa feliz confusão o traço de uma nostalgia fecunda, de um tempo em que você era vista e sentida como um organismo vivo, uma mãe que nos alimentava."

São cosmovisões animadas pelo sentimento de sermos a terra em invisível presença antropomórfica. Ante os anúncios de uma Terra inabitável, a poética de uma reconciliação entre terrenos traz esperança crítica a outros modos de estar no mundo. Me reconheço nesta escrita implicada com a vida em sentido amplo, vasto como as grandes paisagens do nosso jardim.

Em tempos de cólera e pandemia, mundos em colisão e guerras por vir, reencontrar a voz da nossa Mãe intangível é como brisa fresca das planícies entrando nos pulmões, alívio imediato para dores que não têm lugar no paraíso terrestre, mesmo apelando a todas as crenças deste mundo dominado por ideologias.

Ailton Krenak, primavera de 2020

a pandemia, uma resposta da Terra

(apresentação da autora à edição brasileira)

Vivemos o tempo das insurreições da Terra. A última pandemia é, com efeito, um evento terrestre, brutal, global, simultaneamente íntimo e coletivo. Uma prova vivida do real, da materialidade do mundo que, em suas dimensões cruzadas, se impõe e perturba "a ordem do mundo humano".

Um vírus microscópico abriu uma brecha ao tomar emprestadas as rotas globalizadas das metrópoles do capitalismo mundial. Permite-nos experimentar nossa condição comum de seres carnais e vulneráveis, sentir nosso pertencimento a uma comunidade biótica composta por seres humanos e outros seres não humanos. Destitui, portanto, a imagem dos humanos como mestres e soberanos absolutos da natureza e do vivo, ao modo de colonos investidos de uma missão civilizadora e sem barreiras. Não é de surpreender que os déspotas, grandes e pequenos, não consigam se ajustar a essa situação, assim como ocorre quando se trata do aquecimento global ou da extinção das espécies vivas.

A "guerra" que empreendem contra o vírus, sua retórica viril e suas metáforas bélicas não são apenas patéticas porque impotentes. São trágicas porque ignorantes, culpabilizantes e perigosas. Susan Sontag já havia analisado tudo isso, no âmbito da AIDS, faz décadas.[3] O vírus não é um inimigo nem um amigo, ele habita a teia da vida que nos irriga. É a irrupção em nossa história de algo mais que humano. A pretensão moderna de ocupar por completo a natureza, de domesticá-la, se encontra abalada de modo concreto. Como também é refutada a crença dos humanos em sua capacidade de "fazer" por conta própria a história, independentemente dos lugares que habitam. Nenhum poderio tecnoeconômico, nenhuma inteligência "artificial", nenhuma guerra logrará vencer eventos que exigem uma compreensão da complexidade dos seres vivos e de seu caráter profundamente ingovernável, bem como uma aptidão para experimentar uma exterioridade à presença humana, uma parte selvagem do mundo.

Dependemos de outros poderes que não os humanos. Essa pandemia, sua disseminação global, as reações dos poderes e das sociedades certamente pertencem à história humana, agora colocada sob as ameaças concretas do capitalismo desenfreado, do industrialismo frenético, semeando violência e desolação por toda parte. Ela nos recorda, contudo, uma parte estrangeira, uma alteridade radical de presenças terrestres que não são humanas. Reconhecê-las e ouvi-las conduziria ao abandono do pesadelo da onipotência, da angústia, do domínio absoluto, da desfiguração do mundo. Ora, por termos silenciado alarmes variados e antigos, por termos perseguido ou assassinado vários denunciantes, por termos ignorado ou distorcido o conhecimento científico, por termos destruído uma série de barreiras protetoras, impensáveis fragilidades se impõem a nós. Nós, que nos julgávamos livres de todo vínculo e todo elo de dependência.

Que possam essas inquietações pandêmicas, em vez de fortalecer uma ordem securitária, voltar-se contra os responsáveis pelos crimes de ecocídio. Somos interdependentes e, em vez de "declarar" guerra contra o vírus e, de modo mais amplo, contra a Terra e os vivos, em vez de impor uma nova guerra social, pretendemos cultivar essas interdependências. Através de alianças terrestres que nos permitam ajustar de maneira mais modesta e certamente mais eficaz nossas lutas e experiências às "insurreições" previsíveis e imprevisíveis da Terra, aos seus limites. Essas alianças entre os humanos e com a Terra são, a partir de agora, inventadas através da reconquista e ocupação dos meios de vida e trabalho, através de uma desobediência declarada. Em vez da ordem guerreira e mortífera do mundo da extração, da competição, da produção máxima, em vez do ódio ao mundo, essas alianças são tecidas a partir dos valores e práticas do cuidado, da ajuda mútua, da proteção, da atenção, da sobriedade, da cooperação. Da beleza do mundo.

Geneviève Azam, Treilles, 27 de julho de 2020

a uma
estranha
correspondente

*Não foi somente aos livros,
mas à própria Terra que me dirigi
para ter o conhecimento da Terra.*
ÉLISÉE RECLUS[4]

Esta carta é destinada a você. Autorizo-me a te escrever, a você, Terra, prolongando através da escrita trocas silenciosas, sonhos e pesadelos. Medos também, tristezas e revoltas face ao que nos acontece.

Estranha ação, inspirada por um animismo suspeito, por um outro tempo ou por outros lugares do mundo? Desejo de te nomear para melhor nos defendermos? Pedido irrisório de ajuda? Resposta ao anúncio das tuas fraturas?

Hesitei muito antes de iniciar esta correspondência e tive que deixar sem resposta estas primeiras perguntas, entre muitas outras; elas urgiam e se apresentavam como distanciamentos e impedimentos para que eu me dirigisse diretamente a ti. Mas como fazê-lo? Com o "eu", mesmo que ele tenha com demasiada frequência rompido suas amarras terrestres para se fazer dominador, prolixo e mutilante? Ele permanece, contudo, mais carnal do que o "nós" literário ou o "se" anônimo, certamente mais confortáveis, mas ainda colocados como sentinelas na borda do mundo. Decidi-me, portanto, pelo "eu". Ele me autoriza uma proximidade como o "você" que te designa e uma fuga da fortaleza humana, uma chance de reencontrar um pensamento enraizado e resistente.

escrever-te nestes tempos de catástrofe?

Você é uma correspondente particular. Não tão indiferente e exterior às nossas vidas humanas, contudo, quanto havíamos ingenuamente pensado. Nós te havíamos excluído da nossa história, a você, que vem do fundo dos tempos. Foi admitida à margem, como um *recurso* para a produção material, cujo crescimento foi erigido como princípio de emancipação e de civilização. Mas você é martirizada por essa nova religião; sufoca e transborda. É sobre esse grande transbordamento que eu gostaria de conversar contigo. Se ele está pejado de perigos e destruições irreversíveis, não é também um apelo a uma metamorfose, a insurreições próprias a agitar este mundo infernal? E se as ameaças revelassem também a tua beleza e a força de nossos vínculos?

Tenho prazer em me reconectar à tradição epistolar, com sua lentidão, propícia a incorporar o presente sem ter de se submeter a ele. Como um tempo de pausa, um antídoto às comunicações clicadas em teclados e ao apagamento digital dos traços do tempo.

Escrevo para não mais falar de você como se falasse "dela". Tenho o sentimento de que a multiplicação dos estudos que te dizem respeito, das mesas redondas, das conferências internacionais, por mais necessárias que sejam e das quais às vezes participo, se interpõe entre nós e obscurece tua presença concreta e sensível. E isso apesar dos lembretes violentos que você nos inflige. Ou talvez, mais corretamente, por causa do caráter desmedido desses imensos acontecimentos, caos climático, extinção da vida, cujos efeitos mal podem ser imaginados, velados por anúncios cifrados e tão esmagadores que permanecem sendo abstrações distantes e irreais.

Ao me dirigir a você sem intermediários, gostaria de endossar minha condição de terrestre e compartilhar uma viagem, o regresso à *Terra*.

Também me perguntei se a escrita não seria, afinal, uma outra maneira de me distrair dessa condição, de ainda te manter à distância. Depois de tanto tempo de uma presença ignorante e desatenta sobre o teu solo, será que as palavras não vão me faltar para nomear teus mundos? Ainda assim te escrevo, decidida a retomar o que uma vida distante do chão me roubou. Ser terrestre é compartilhar uma intimidade: você está em nós, humanos e não-humanos, e em contrapartida nós te constituímos. É também saber que você é radicalmente estrangeira, refratária, in-humana ou a-humana. Nestes tempos atormentados e carregados de ameaças, essa parte que *nos* escapa, essa parte exterior, insubmissa, é uma abertura rumo a futuros impensados que escapam a uma desmedida assassina. Ao se insurgir com violência, você mina os delírios de poder, desafia os pequenos cálculos e as propriedades, debocha das pretensões dominadoras e demole os sonhos prometeicos. Para *nós*, humanos, você é "um objeto de distúrbio intelectual,"[5] de distúrbio total.

Esse *nós* é diverso, fragmentado. É também radicalmente conflituoso. De um lado, aquelas e aqueles que pretendem viver com a tua desmesura, a tua estranheza, acolhendo tua beleza e tua sombra, essa parte tua que não pode ser construída, que é selvagem,[6] teus limites. Do outro, aqueles que de diversas maneiras pretendem ao mesmo tempo te humanizar totalmente, te pilotar e organizar a suplantação forçada da humanidade. Eles impõem sua poluição cegante para te tornar transparente, te aplanar, imprimir por toda parte o selo da marca humana, nada deixar ao acaso, para desfrutar pateticamente de tuas riquezas e ainda mais da força e do poder que acreditam extrair desse modo. Abandonaram o *nós* que cria o mundo compartilhado, nosso *nós*.

Eu poderia me derramar aqui, ater-me a te fazer compartilhar da revolta e da tristeza experimentadas diante das catástrofes que te desfiguram e, no momento, nos ameaçam mesmo nos lugares mais inóspitos e por muito tempo inalcançáveis. O espírito de conquista e a sede de lucro não conhecem limite, e a tecnologia deste século acredita poder se autorizar a tua desumanização total. Eu também poderia me abandonar à melancolia da tua perda, à melancolia do desaparecimento dos teus mistérios, das tuas obscuridades, e encontrar aí matéria para a escrita.

Contudo, sei bastante bem que o tempo não é apropriado à deploração ou à contemplação desabusada da infelicidade que nos afeta a todos, a você, Terra, aos mundos abundantes que abriga e aos dos humanos. Ao te escrever, me vêm à mente as reflexões de Walter Benjamin, esse filósofo alemão dos tempos sombrios. Ele foi testemunha do colapso da civilização europeia nos anos 1930. Lembro-me de sua inquietude premonitória diante de uma alienação do mundo tão profunda, como ele escreveu,[7] que poderíamos encontrar nas destruições o prazer de espetáculos sensacionais e inéditos, aos quais permaneceríamos estranhos. Uma história "sem nós" e sem *nós*.

Essa alienação é a crença numa vida desmaterializada, em estado de suspensão. Como se estivéssemos *desaterrados*, fora do solo e fora do mundo. O tempo urge porque essa extração, essa de-solação, é um veneno mortal do qual já absorvemos doses tóxicas. Sabemos qual é esse tempo já contado antes que ocorram cataclismos de uma outra amplitude e a situação dos sem-teto de hoje, dos sem-terra, dos migrantes, torne-se a condição compartilhada pela maioria dos humanos e outras espécies vivas. Penso nessas aves migratórias, elas que tanto alimentaram nossa imaginação e nossa admiração; suas migrações são tragicamente perturbadas pelos choques climáticos atuais. Como não ver aí um sinal anunciando muitas outras desorientações?

Você pôde, em outros tempos, fazer nascer a emoção do sublime, do medo diante do inumano, do desconhecido, do imprevisível. Mas a crença em um Progresso linear inevitável e o império do cálculo fabricando um mundo isotrópico e previsível não foram capazes de triunfar sobre esses sentimentos. Toda evocação de uma catástrofe possível foi relegada ao universo irracional e reacionário, à superstição, a um catastrofismo messiânico. Os capitães da indústria, colonizadores e desenvolvedores, ao mesmo tempo que acatam há vários séculos a ideia de uma Natureza entregue à guerra e a uma concorrência impiedosa pela vida, acreditam poder te transformar, sem qualquer dano, numa Terra à sua disposição, organizada e tranquila. Uma espécie de *oikos* burguês, um casarão em que seria suficiente repartir os andares e os cômodos e escolher móveis e cortinas. Você logo se sentiu sufocada.

A esse propósito, o escritor indiano Amitav Ghosh conta, num ensaio recente, a história de Mumbai, na Índia: "Mumbai representa uma extraordinária concentração de riscos", ele escreve.[8] Construída antes do Império britânico entre a terra e a água, sobre um arquipélago de ilhas no interior de um estuário, a cidade foi inicialmente edificada em sua parte norte, sobre ilhas protegidas por colinas, enquanto que as ilhas do sul se espalham sem proteção ao nível do mar. A cidade abraçava tua presença. A chegada dos colonizadores e as exigências do comércio colonial deslocaram o centro mais para o sul, onde reina uma grande porosidade entre a terra e o mar. A cidade então negou tua presença. Hoje, dos vinte milhões de habitantes da Grande Mumbai, perto de doze milhões povoam a parte norte, o noroeste abrigando os milionários e milhardários que desfrutam de promontórios com vistas inexpugnáveis. Os outros se acotovelam na parte sul, que passou pelo tormento das inundações de 2005 e 2017, das monções perturbadas pelo choque climático, da possibilidade de tufões violentos nesse mar da Arábia que acreditávamos poupado deles. O número e a densidade da população de Mumbai impedem todo plano de evacuação, em caso de necessidade.

Essa não é a história de um erro de percurso. É um dos arquétipos da maneira como acreditamos poder te habitar.

Daqui em diante, você nos sacode. Não temos necessidade de catastrofismo para anunciar as catástrofes, presentes ou futuras, em nossa escala de pensamento ou inimagináveis. A casa colonial e burguesa, com suas dependências miseráveis e seus subsolos, está rachada, contaminada, ameaça ruir em vários pontos. É também por isso que te escrevo, convencida de que nossas histórias, ao se cruzarem, colidem agora com violência.

você é a Terra-mãe

Você é aquela a quem escrevo com uma inicial maiúscula, a Terra. Eu teria preferido uma minúscula, pois não é minha intenção escrever ao planeta Terra, ao astro dos astrônomos, à soberba e única esfera azul, fotografada da abóbada celeste. Não escrevo à "Terra vista do céu", distante, girando em torno de si mesma e ao redor do seu sol, sobre a qual eu seria uma espécie de "passageira clandestina, independentemente da minha vontade".[9] Mas minha língua não te distingue do solo nutritivo, da terra escrita com minúscula. Gosto de ler nessa feliz confusão o traço de uma nostalgia fecunda, de um tempo em que você era vista e sentida como um organismo vivo, uma mãe que nos alimentava. Uma Terra-mãe de todas as criaturas vivas, fonte de sentido, inspiradora de normas culturais e éticas que convidavam a não te profanar, a suavizar nossa presença material.

Felizmente, esse passado não se esgotou. Durante vários séculos esteve enterrado sob as camadas de uma epopeia colonial, industrial e técnica que te agrediu – você convertida em objeto inerte para ser desventrada, transformada, controlada, dominada. Mas a jaula de aço que envolve este mundo de vencedores racha por todas as partes. Dessas fissuras, dessas "veias abertas",[10] recolhemos as obras, as histórias enterradas dos vencidos. Elas remontam aos primeiros tempos industriais celebrados como o tempo do progresso e da civilização, sua parte de interrogações críticas, temores e resistências.[11]

Nestes momentos presentes, pesados de inquietudes, reconforta-me mergulhar na história, lendo ou relendo os textos dos primeiros socialistas, homens e mulheres com frequência oriundos dos círculos fourieristas e do associacionismo. Eles haviam pressentido as ameaças contidas no processo da tua condenação à morte. Como a violência contra você caminhou lado a lado daquela vivida pelas mulheres, autorizo-me a compartilhar contigo o discernimento precoce e a intuição de algumas dentre elas.

Por exemplo, Flora Tristan, próxima dos fourieristas, socialista e feminista singular. Seu talento de mulher de letras e sua sensibilidade lhe inspiraram uma crítica virulenta da civilização industrial e da brutalidade à qual você foi submetida. Sob a sua pluma, o carvão, verdadeiro herói energético da primeira revolução industrial, transforma-se num "combustível do inferno arrancado das entranhas da terra".[12] Inferno ecológico e inferno psíquico para todas aquelas e todos aqueles que vivem em cidades encobertas pelas poluições enegrecidas. Londres tinha se transformado numa "necrópole do mundo", onde o ar que se respirava era sepulcral. Entre essas vozes críticas, ouço também a de George Sand, celebrando a natureza curativa e protetora, temendo te ver transformada em campo de batalha nas "sociedades dissolutas e devastadas pelos elementos de destruição que cultivam orgulhosamente em seu seio".[13]

No começo do século seguinte, entre 1906 e 1917, a anarquista e feminista Emma Goldman, associada a Alexander Berkman, publicou nos Estados Unidos uma revista mensal dedicada às ciências sociais e à literatura, *Mother Earth*. Os humanos saíram das entranhas da Terra-mãe, ela escreve com Max Baginski no primeiro editorial; a emancipação e a liberdade não podem advir sem esse reconhecimento: "Para ganhar seu lugar no Paraíso, o ser humano devastou a Terra".[14] Não seria possível dizer de maneira melhor.

Alegro-me com esses testemunhos. Eles vêm do mundo moderno, aquele em que reinaram os promotores de uma "Terra máquina" sem alma, os exterminadores de tua volumosa fisionomia, uma Terra-mãe limitando suas fantasias de apropriação, de dominação e de extração. Tua imagem como aquela que nos alimenta é sempre transformada em caricatura, seja de folclore retrógrado vindo das montanhas da Cordilheira dos Andes ou de povos "atrasados", seja de deriva *New Age* mística e esotérica.

"Piedade de nossos conquistadores oniscientes e ingênuos!" escrevia o poeta Aimé Césaire ao regressar ao seu país natal.[15] Sim, mais do que nunca, você é a Terra-mãe. Você o é no presente dos povos indígenas ou originários, como os da América, eles que já passaram pela experiência de uma extinção em massa com a chegada dos europeus faz muitos séculos. Você o é para as comunidades africanas que protegem os sítios naturais sagrados, rios, cascatas, florestas, ameaçados pelas minas, pelas barragens e pela agricultura especulativa: "Os sítios naturais sagrados são a fonte da vida. São os locais da nossa origem, são o coração da vida. São nossas raízes e nossa inspiração. Não podemos viver sem eles e somos os responsáveis por sua proteção", proclamam elas num apelo ao reconhecimento desses sítios.[16]

Você é a Terra-mãe para as comunidades novas que se opõem em toda parte à extração feroz de tuas riquezas, à perfuração cada vez mais profunda de tuas entranhas, à dissimulação de resíduos nas camadas do teu solo. Você o é para os camponeses que recusam a guerra declarada pela indústria a tudo o que vive, para os ativistas que se interpõem e usam o corpo para impedir o avanço de máquinas gigantes, trituradoras de vida. Você o é para a comunidade indígena iwi whanganui na Nova Zelândia, depositária dos direitos do rio Whanganui, reconhecido como entidade viva após anos de luta.[17] Você o é para os jardineiros e artesãos da vida, para as mulheres "peritas em diversidade",[18] camponesas ou citadinas, conscientes de que o papel *menor* que lhes é designado – manutenção da vida, cuidado, reparação, educação, tecelagem de um mundo – contém a possibilidade *maior* de um futuro para todos.

Eia, escrevia Aimé Césaire para "Aqueles que não inventaram nem a pólvora nem a bússola / Aqueles que jamais souberam domar o vapor nem a eletricidade / Aqueles que não exploraram os mares nem o céu / Mas aqueles sem os quais a terra não seria a terra".[19]

você é a Terra vista da Terra

Você está onde o Sol *nasce*, onde a Lua *se põe*, onde *cai* a noite. Onde eu estou ancorada: "A arquioriginária Terra não se move".[20] Ao escrever isso, Edmund Husserl não ignorava nem a teoria heliocêntrica de Copérnico nem a ciência de Galileu. Ele imaginava sua "inversão". Do teu solo, que sabemos estar igualmente em movimento, você é fixa e nos apresenta o *movimento* cotidiano do Sol. Ele pontua o tempo terrestre. É assim que experimento você.

O texto de Husserl, com o título surpreendente e audacioso de *A Terra não se move*, age como um contrafogo ao nosso estar em órbita, ao desenraizamento, à sujeição a um impossível fora do solo, fora da terra, à crença em sociedades suspensas sobre si mesmas, sem arco. Por mais que tenhamos ficado maravilhados com a tua beleza frágil vista do céu, com a impressionante precisão e constância das tuas rotações, não habitamos nem um corpo celeste nem um veículo espacial que possa encontrar refúgio em qualquer outra parte do espaço infinito.

A recusa dos estreitos elos e das regras que nos unem e nos ligam coloca em risco a perenidade da vida biológica e dos lugares da vida política. As finanças globais, girando com velocidade algorítmica ao redor do globo, são um símbolo poderoso. Isso vai muito longe, muito depressa e muito profundamente, até a agricultura que se pretende praticar longe do solo cujos frutos são confundidos com títulos financeiros e seus produtos derivados em Chicago e nas grandes bolsas do mundo.

Habitamos, contudo, uma terra frágil: "Os amanhãs nos exigem caminhar com passos leves, com justeza e justiça, para que não pisoteemos no olho da TERRA", escreve o poeta nigeriano Niyi Osundare.[21]

A economia esmagou esse olho. Ela gostaria de ser daqui por diante leve, *light*, imaterial, conectada; obteria mesmo dessa suposta imaterialidade uma consagração e um *"laissez-faire, laissez-passer"* ecológico. Contudo, ela fracassou em dissimular suas pegadas grosseiras, em maquiar o peso e a perniciosidade de suas infraestruturas, em fazer calar suas injustiças. Quanto aos territórios – essas terras onde a política pode se exercer, longe de se ancorar em você, como o nome parece significar –, estão destinados a se transformar em não-lugares, em *espaços*, aglomerações heteróclitas, lugares fora da terra, redes de circulação e consumo, conectadas a partir de um exército de satélites.

Você nos recorda violentamente que não existe um "além" para a nossa condição terrestre. Não sem certo tom bíblico, Nietzsche nos chamou a atenção: "Eu os exorto, meus irmãos, permanecei fiéis à terra e não acrediteis naqueles que vos falam de esperanças supraterrestres! Eles os envenenam, quer eles o ignorem, quer não".[22]

você é nossa comunidade biótica

Você é o solo firme que abriga os subsolos minerais, é também lamacenta e fluida. A vida nasceu do mar, criou raízes antes que os organismos vivos migrassem para a terra firme e que os vegetais transformassem a energia solar em matéria viva.

A inteligência do teu mundo vegetal foi ignorada. Testemunham-no essas expressões depreciativas: *viver como um legume* ou *viver como uma planta*. Elas designam uma vida vegetativa, na realidade um estado de degeneração do espírito. As plantas estão, contudo, na origem da vida animal em todas as suas formas. Sobretudo a partir das últimas décadas, o agronegócio não tem deixado de eliminar as "plantas nocivas", de "melhorar" e modificar o mundo vegetal, travando contra ele uma guerra impiedosa, química e genética.

Essa guerra industrial ignora tudo acerca de nossa coevolução com as plantas, as comunidades que constituímos. Mas elas deixaram traços em nossa história e nossas instituições. É o caso do trigo no Crescente Fértil do Oriente Médio, com as grandes cidades do Egito e da Mesopotâmia, do milho para as Altas Culturas andinas,[23] ou do arroz e do painço ao longo do rio Amarelo na China. Esses cereais, propícios ao estoque, ao cálculo e à arrecadação de impostos, foram as principais ferramentas da emergência dos primeiros Estados agrários.[24] Também estiveram no coração dos relatos grandiloquentes da história humana, reduzindo a civilização a essas formas centralizadas e autoritárias de poder e despejando na *barbárie* e nas eras obscuras as outras formas comunitárias. Sabemos hoje que povos sem agricultura, habitando zonas ditas sem recursos, tiveram acesso a espécies vegetais apropriadas à sua alimentação.[25]

Você ainda abriga inúmeros *bárbaros* que escaparam à seleção feita em laboratório. É o caso dos trigos selvagens, identificados por Jean-Pierre Bolognini e Ruth Stegassy.[26] Intimamente relacionadas a locais muito diversos, complexos e dispersos, essas plantas, ao mesmo tempo sedentárias e nômades, testemunham uma fecundação mútua entre si e as culturas humanas com seus ritos e sua diversidade. São nossas cúmplices *bárbaras* para reconquistar uma autonomia alimentar e política nestes tempos de colapso da civilização.

Tua insolência vital irrita aqueles que querem ver em você uma concorrente a ser eliminada para dar lugar ao "Homem": "As folhas verdes continuam a fazer o que ninguém por aqui sabe fazer: transformar a energia solar em organismo vivo".[27] E isso sem contar uma outra insolência, a das raízes que ligam "radicalmente" a vida ao solo e inspiram muitas resistências. Elas tecem uma impressionante rede subterrânea para as plantas, uma linguagem enterrada: "A superfície total do sistema radicular de uma planta pode alcançar quatrocentos metros quadrados, ou seja, uma superfície de trinta a quarenta vezes superior à do corpo aéreo".[28]

Boas razões para sonhar com um futuro vegetal, os pés na terra para recolher suas mensagens e o corpo voltado para o céu! Virginia Woolf nos convidou a fazer isso em *As ondas*, através do personagem de Louis: "Minhas raízes penetram nas profundezas do mundo, através da argila seca e da terra úmida, através das veias de chumbo, das veias de prata. Meu corpo não passa de uma fibra. Todas as trepidações repercutem em mim, e o peso da terra pressiona as minhas costelas".[29] Um corpo vegetal atravessado por forças telúricas.

Você é, por fim, o ar que respiramos, humanos e não-humanos, o que transformamos através de nossas respirações e de nossas atividades. Você é essa fina película gasosa, a atmosfera, produzida e modificada há milênios pelos seres vivos e regenerada pelas plantas, o mato e as florestas que liberam o oxigênio vital.

você é nosso "arco estelar"[30]

Você é a Terra imemorial e também a abóbada de nossa breve história humana. Como os arcos celestes que, em inúmeras cosmogonias, recolhem a vida após grandes desordens, como a arca de Noé que, depois do Dilúvio, "levava tudo o que ainda podia haver de vivo e de possível",[31] você é aquela que leva nossos mundos, regenerados pela infinita pluralidade e disseminação dos seres vivos, pelo encadeamento da vida e da morte.

Você é também aquela que exprime o impossível, quando os teus processos ecológicos, bioquímicos e geofísicos são desestabilizados a ponto de se romper. Você o faz então com veemência. Pressentimos bastante bem que sufoca e queima. Não estará a ponto de ingressar num regime diferente, totalmente imprevisível, que te tornaria em grande parte inabitável? É difícil de imaginar e de admitir, apesar dos alertas científicos cada vez mais precisos. Talvez seja necessário termos recurso a outras línguas, outras sabedorias? Penso na mensagem de um xamã guarani no Brasil opondo-se à instalação de uma central nuclear nas terras ancestrais que ele habita: "O primeiro (mundo) foi aniquilado pela água, este está destinado a sê-lo pelo fogo".[32]

Você não suporta mais o peso de nossos delírios expansionistas e a anexação da vida pela economia global. Não mais do que suportam as sociedades, cada uma à sua maneira. As catástrofes nos afetam a todos juntos. Basta olhar para o mar Mediterrâneo, caldeirão da minha cultura, tão puro em aparência quando as correntes marinhas levam para longe as poluições visíveis, e contudo ameaçado de morte e invadido por espécies que se proliferam graças à ruptura dos elos da vida marinha. *Mare nostrum*, cemitério para os migrantes e para culturas ricas de diversidades.

Aí está você, nós te vemos, te experimentamos. Nem Natureza abstrata, nem deusa, nem máquina cibernética, nem intrusa, mas presença a um tempo benfazeja e ameaçadora, próxima, protetora e radicalmente estrangeira.

Sabemos que as grandes catástrofes modernas do século xx, guerras e totalitarismos e aniquilação nuclear, acarretam outros distúrbios além dos teus. Contudo, durante os sombrios anos 1920, em 1927, você transbordou e houve a grande enchente do Mississippi e de seus afluentes.[33] Ela fez submergir oito milhões de hectares de terras fragilizadas pela modernização do sul, pelo desmatamento e pelas imensas plantações em regime de monocultura, pela drenagem das zonas úmidas em nome da luta contra a malária, ilusão de controle das águas presas nas barragens. Para salvar Nova Orleans e seu porto comercial de águas furiosas, foi dada a ordem de dinamitar as barragens que resistiram à força do rio e de sacrificar as terras do sul, ocupadas com frequência por pequenos produtores pobres. Entre as seiscentas mil pessoas deslocadas, confinadas em campos e submetidas ao trabalho forçado, os afro-americanos eram os mais numerosos.

A recordação desse alagamento segue viva. A canção de Bessie Smith, "Back-Water Blues", escrita no começo da catástrofe, tornou-se o hino da inundação. E quando o furacão Katrina devastou Nova Orleans, em 2005, os náufragos negros ainda cantavam "Back-Water Blues".

Esses estalidos da modernidade repercutem no romance de William Faulkner *Enquanto agonizo*. Ali estão Darl, veterano da Primeira Guerra Mundial, a inundação e a lama, e ele opta por datar seu romance de 25 de outubro de 1929, dia seguinte à "quinta-feira negra" de Wall Street.[34]

Um século mais tarde, e após ter travado contra você uma guerra tão cruel, as ameaças do teu revide poderiam precipitar colapsos de toda uma outra amplitude, deixando um arco vazio de vida, incapaz dessa vez de se regenerar. Um apocalipse nu sem promessa de algum mundo ulterior.[35] Eu te escrevo também para conjurar esse destino.

escrevo a uma aliada

Posso me permitir te considerar uma aliada? Proponho isso porque você resiste ao ecocídio em curso.

Gostaria de reduzir o que nos opõe: você é "uma comunidade à qual pertencemos".[36] Comunidade que não forma uma amálgama, que é tecida com relações assimétricas, já que, se você pode dar sem nós curso à tua vida de planeta no universo, nós não temos outro habitat além do teu.

Eu te escrevo uma carta aberta, pois através de você meus destinatários são os terrestres, ou, antes, aqueles com quem *nós* podemos ainda compartilhar uma linguagem e uma dignidade. Não a dignidade de uma espécie humana que engole os outros seres vivos de maneira condenável, tratando-os como um excedente, com crueldade e indiferença supremas, mas a dignidade daqueles que cultivam a tua diversidade, a tua complexidade e exuberância, o que há de ingovernável em você, a tua exigência de solidariedade. Em oposição aos que te ignoram para poder melhor te explorar e aos que, nos tempos problemáticos e assassinos que sempre nos ameaçam, te celebraram como aquela que nos prende em casa, numa raiz única, impossível de compartilhar, numa ordem imutável e imperativa.

Não é mais hora de contemporizar e compactuar com os poderosos que, para salvar o Planeta – é assim que te chamam, para melhor poder te exteriorizar, salvar a Humanidade, o Clima, essas palavras de "maiúsculas assassinas", escreveria a filósofa Simone Weil –, estão ocupados em perpetrar um ecocídio, em assassinar a vida concreta, as vidas em minúsculas. Esses já operaram a cisão e sua vida é *off shore*, de todo modo já pós-humana. Como se o *no future*, surgido dos subúrbios industriais da Inglaterra faz quase meio século, em vez de ser ouvido como um aviso, uma condenação sem apelo de um mundo acabado e extenuado, tivesse se tornado ao contrário uma incitação a acelerar a fuga, a queimar e a deixar consumir tudo o que ainda pode sê-lo.

Em vez de te ignorar ou combater, é tempo de nos aliarmos. Já está bem tarde! Essa medida te parece desesperada, oportunista, como uma maneira de nos agarrarmos a um último galho?

Felizmente, você é tenaz, está bem aqui, bem aqui! Nós somos inúmeras e inúmeros, e também estamos aqui. Para nos aferrarmos àquilo que nos une. Reencontrando os gestos e as palavras que nos conectam, experimentamos também o que nos separa, a tua parte selvagem que exige a retirada. Dessa experiência de terrestre, espero extrair e compartilhar a energia do luto de um mundo definitivamente inabitável, indesejável, um mundo do qual devemos desertar massivamente para não mais fabricá-lo e para encontrar coragem de nomear e afrontar as forças destruidoras que quebram um encanto dos mundos aos quais nos atemos.

o que pode dizer uma terrestre?

A Terra é a própria quintessência da condição humana, e a natureza terrestre, até onde sabemos, poderia muito bem ser a única no universo a fornecer aos humanos um habitat onde eles possam se mover e respirar sem esforço e sem sacrifício.
HANNAH ARENDT[37]

Há alguns anos, eu me teria perguntado, em vez disso: "O que pode dizer uma cidadã do mundo?" Sinto-me melhor, hoje, na pele de cidadã terrestre. Este mundo esqueceu seu habitat, seu solo, seus elos múltiplos e estreitos, não é mais um mundo acolhedor, no qual se sustentariam mundos particulares,[38] é uma abstração desoladora. Sua atmosfera se tornou irrespirável.

No momento em que a condição humana é ameaçada, se você é a quintessência dessa condição, como escreveu Hannah Arendt, em vez de me sacrificar ao acosmismo dos nossos tempos, em companhia daquelas e daqueles que me mostraram o caminho, aspiro a reencontrar a condição de terrestre.

eu te ignorei por tempo demais

Eu te mantive à distância, Terra, a ancestral figura feminina viva e sensível, mãe que alimenta. Após a paixão pela Terra-mãe de muitos povos pré-modernos, aí incluída a Europa, você se tornou madrasta e mulher mundana para ser dissecada e penetrada profundamente a fim de se extraírem as riquezas escondidas. Essa foi a tua sorte durante os séculos do apogeu da indústria e da mecânica. Eu te evitei. Como uma imagem feminina, você parecia me conduzir a um destino ao qual eu queria escapar. Aconteceu-me, ademais, de olhar com certa condescendência as mulheres que assumiam justamente seus enraizamentos e a parte natural de sua condição.

Minha formação como economista não me aproximou; poderia mesmo ter me afastado definitivamente de qualquer sensibilidade em relação a você. A maioria dos economistas conseguiu imaginar um sistema econômico fechado sobre si mesmo, sem qualquer elo contigo, a não ser os elos puramente utilitaristas. A economia, a *oïkos nomos*, a gestão da casa, saiu de casa. Derrubou as paredes e a fundação. Sem esse limite protetor, o espírito gestor pôde se desvincular, tornou-se seu próprio fim. No fogo que queima nossa morada, só lhe interessa o preço das cinzas e o custo da reconstrução. Ele transforma a energia e a matéria que você fornece, o sopro vital, em "capital natural" para gerir e fazer frutificar. Você é "útil" e a utilidade, no sentido econômico, reduz-se àquilo que é solvente. Ela prescinde de toda moral e de toda consideração ecológica.

Esse "capital natural" é você, nossa *oïkos*! Neste mundo desencantado, você pode ser desmembrada sem limites. O "capital natural", cortado tijolo a tijolo, é supostamente substituível pelo "capital técnico". Em termos terrestres, por exemplo, as abelhas envenenadas poderiam ser substituídas por pequenas máquinas inteligentes, garantindo a polinização e indiferentes aos venenos químicos e às fraquezas humanas. Tudo seria infinitamente reversível, mesmo nossos crimes.

A economia do clima, já que tudo é economia, não derroga as regras do espírito gestor. Eu poderia esperar te sentir presente aí. Ela obedece aos mesmos cálculos de otimização da economia da saúde, da economia do esporte, da economia das emoções, da economia do crime, da economia do turismo e todas as economias imagináveis. Essas técnicas se adaptam a todos os suportes, elas os neutralizam. Sem te sobrecarregar com cálculos difíceis, gostaria apenas de dizer que para diminuir nossas emissões de gases de efeito estufa seria suficiente distribuir direitos de propriedade sobre tua atmosfera, direitos de poluir, cambiáveis num mercado. Com a confrontação da oferta e da procura ia se estabelecer um preço de equilíbrio da tonelada de carbono, incitando "boas" práticas. Assim, o ideal de emissão poderia ser atingido através de um mecanismo de autorregulação neutro, de um sinal do mercado. O único inquestionável. Os teus próprios sinais não refletem as certezas dessa "ciência".

Essa fábula ignora tua complexidade, não aprecia nem tua abundância potencial, nem aquilo que oferece gratuitamente, nem tua imprevisibilidade. Ela tem sede de raridade e de preço para administrar as coisas, governar os humanos e reduzir as incertezas com relação aos lucros. Se lhe dermos ouvidos, o teu futuro e o nosso seriam deduzidos do cálculo de otimização econômica.

Você não se surpreenderá, nestes tempos esverdeados, que o prêmio Nobel de economia – trata-se na realidade do prêmio do Banco da Suécia – tenha sido dado a William Nordhaus, economista do clima. Ele calculou a trajetória ideal para nossas emissões de dióxido de carbono. Os resultados que lhe valeram a condecoração conduziriam a um aumento médio de 3,5 °C em tua temperatura até o fim do século. O júri do Banco da Suécia, certamente impressionado por esses cálculos sábios, não se emocionou visivelmente com eles. Os climatologistas e ecologistas, porém, alertam para as consequências dramáticas e incontroláveis de ultrapassarmos esse aquecimento em mais de 2 °C ou 1,5 °C.[39] Sem contar teus próprios sobressaltos, já que a temperatura média aumentou somente em torno de 1 °C desde a era industrial. A perspectiva de um mundo inabitável para centenas de milhões de pessoas bem vale um falso Nobel! Antonin Pottier tem razão ao escrever que os economistas ortodoxos contribuíram para atrasar a percepção das catástrofes ecológicas.[40] Quanto mais te envenenamos, mais a economia floresce; ela transforma os dejetos e desastres em riquezas e títulos financeiros.

A técnica gestora te submete à sua aritmética. Já que toda regulamentação restritiva para liberar energias fósseis é excluída, ela inventa um sem-número de emissões "negativas" que viriam a compensar as emissões de gases de efeito estufa. Isso te espanta?

Os gases emitidos seriam capturados na atmosfera e sequestrados em aquíferos salinos ou cavidades subterrâneas, deixadas vazias após a extração de petróleo ou gases. Nada te será poupado. O capitalismo tem horror ao vazio. No plano contábil, o único que importa, no fim das contas, essas emissões enterradas se tornam "negativas" e são subtraídas das contas. Eis-nos outra vez tranquilizados! Enquanto aguardamos essas técnicas, é recomendável plantar captadores de carbono, chamados *árvores* ou *florestas* nessa língua, cultivá-los de maneira intensiva sobre superfícies extensas a fim de aumentar o rendimento. Ou mesmo modificá-los geneticamente para facilitar sua capacidade de absorção e aumentar as emissões negativas. Com o bônus de um crescimento verde e a neutralidade de carbono.

Você pôde sorrir dessa perícia esotérica, mas sinto que isso já não te diverte. Você está tão asfixiada por essa linguagem poluída quanto pelos despojos e as promessas verdes.

Fui, junto com muitos outros, uma economista herege. Herdeira a princípio de um Marx crítico da economia, de seu lugar – e não somente da "economia burguesa" ou capitalista –, abandonei as escolas marxistas. Elas se entregaram, no essencial, à religião da produção e do crescimento, reproduzindo o economismo dominante. Simone Weil, desde os anos 1930, exprimiu isso com uma lucidez visionária: "O crescimento da grande indústria fez das forças produtivas a divindade de uma espécie de religião cuja influência Marx sofreu involuntariamente ao elaborar sua concepção de história. O termo *religião* pode surpreender, quando se trata de Marx, mas acreditar que nossa vontade converge com uma vontade misteriosa que estaria operando no mundo e nos ajudaria a vencer, isso é pensar religiosamente".[41] Ela critica Marx por não ter ido até o fundo de seu materialismo, de ter se esquecido dos fundamentos materiais da vida social e da vida. De ter se esquecido de você.[42]

Você desapareceu das "contradições" do capitalismo, reduzidas ao confronto do capital e do trabalho. Não basta, portanto, ser herege, heterodoxo, diz-se na profissão. Os economistas, aí incluídos os mais "aterrados", ficam de resto com frequência fora do chão, desaterrados. Ignoram teu ensinamento: as sociedades e sua economia não se sustentam suspensas em si mesmas e nos desejos exclusivos dos humanos, mestres de todo valor. Têm fundamentos materiais, *arqué*.[43] Neste mundo em levitação, os que consideram a economia uma bioeconomia, dependente da atmosfera e do vivo, são marginalizados. Pior, a bioeconomia é agora o nome dado à desmedida da economia, pretendendo englobar a biosfera e submetê-la a suas leis. O esquecimento das raízes materiais expõe à punição, escrevia Simone Weil: "Assim, a natureza mesma das coisas constitui essa divindade justiceira que os gregos adoravam sob o nome de Nêmesis, e que castiga o descomedimento".[44]

Não temos mais, ai de nós, os deuses gregos para nos alertar dos perigos quando os acontecimentos nos escapam. E nossos disparadores de alerta contemporâneos não são bem-vindos. Com frequência são perseguidos, caricaturados, estão submetidos a contraperícias levadas a cabo pelos responsáveis pelas catástrofes, quando não são acusados de violar o segredo dos negócios.

É você, agora, que reage de modo desmedido. Sem mediação.

Tuas inquietações repetidas e cada vez mais violentas e teu esgotamento desclassificaram a ciência econômica, dominante até poucos anos atrás. As catástrofes ecológicas não podem ser pensadas na estreiteza do quadro dela. Você não reage aos seus modelos e preocupações, às imperfeições do mercado, às falhas da concorrência, às imperfeições da racionalidade, você ameaça e faz explodir os cálculos de risco que tanto ocupam essa disciplina. Você exprime a tua presença material, diversa, incalculável e irredutível, imprevisível; impõe a necessidade à qual é inútil e perigoso tentar escapar: "Seja qual for a maneira como se interpreta o fenômeno da acumulação, está claro que o capitalismo significa expansão econômica, e que a expansão capitalista já não está distante do momento em que vai se chocar contra os próprios limites da superfície terrestre".[45] O essencial estava dito. Ignorando suas bases materiais, nunca unicamente materiais, a sociedade industrial e o capitalismo não podem sobreviver, por um tempo, se não através da administração, da manutenção, da "governança" de choques sucessivos. Em outros termos, através da administração da catástrofe.⁴⁶

Se te déssemos ouvidos, a economia deveria aterrissar, entrar outra vez em casa, não pela porta da frente mas por uma janela lateral. Poderá então compartilhar outros saberes – penso em particular nos saberes naturalistas concretos, desclassificados por muito tempo –, enterrar o *Homo œconomicus*, simplório e sem corpo, reencontrar uma atenção ao mundo e à infinita variedade e singularidade do vivo, renunciar a te gerenciar como uma *startup*.

tuas inquietações e tua alteridade fizeram com que eu caísse em mim

Houve choques salutares para mim, leituras, reuniões, lutas. Semearam dúvidas e deram sentido a uma relutância, dissimulada e quase vergonhosa, em aceitar a ruptura dos laços orgânicos que nos unem.

Foi com as culturas de organismos geneticamente modificados em campo aberto e ao ar livre, com a dominação da vida pela concessão de milhares de patentes, que experimentei visceralmente a loucura deste mundo e senti as surdas ameaças que ele contém. A caixa de Pandora da economia do vivo estava aberta.

Eu havia anteriormente recusado a ordem atômica. Agora entendo que essa rejeição ainda era para mim uma causa desencarnada. Exprimia-se através de denúncias do *lobby* atômico, da opacidade das decisões, de perguntas sobre o futuro da humanidade, muito mais do que da atenção concreta às ameaças de aniquilação que a ordem nuclear faz pesar em ti, em corpos, lugares e na vida em geral. O átomo permanecia abstrato, desencarnado, e eu pensava de forma abstrata, como se para denunciar e desafiar o mundo nuclear uma contraperícia racional e argumentada fosse suficiente. Depois de Hiroshima e Nagasaki, eu não havia compreendido até que ponto o mundo nuclear nos condenava a viver privados da evidência do teu sopro vital, como sobreviventes de desastres sempre possíveis, "mortos em *sursis*", escreveu Günther Anders.[47]

Eu ignorava então que, durante o mesmo período, no início dos anos 1980, mulheres na Inglaterra se opunham fisicamente à morte nuclear e à instalação de mísseis atômicos. Elas ocuparam obstinadas a área em torno das bases militares.[48] Quando os mísseis Pershing e Cruise finalmente deixaram a Inglaterra em 1989 e 1992, eles ainda estavam lá: "Elas não vão se afastar das terras, dizem, até que seja destinada ao uso solidário".[49] Eu também ignorava os protestos das mulheres americanas, culminando em 1980 com uma incrível desobediência contra o Pentágono,[50] assim como as imensas reuniões e ocupações, na austera beleza contaminada do deserto de Nevada, palco de muitos testes nucleares desde os anos 1950.

Esses amplos movimentos se inscrevem na tradição da desobediência de Henry David Thoreau. Eis o que disse Rebecca Solnit, ativista e ensaísta americana que participou dos comícios em Nevada, após anos de denúncias e estudos dos arquivos: "Tínhamos chegado ao fim dessas abstrações – nós, os esfarrapados americanos da contracultura, mas também sobreviventes de Hiroshima e Nagasaki, monges budistas, franciscanos e religiosas, veteranos que se tornaram pacifistas, físicos renegados, cazaques, alemães e polinésios que viviam sob a ameaça da bomba, índios shoshone, aqui em sua casa. [...] Foi uma revelação para mim perceber que estava fazendo um gesto político andando no deserto e atravessando a cerca da área proibida".[51]

Em 1986, a catástrofe de Chernobyl concretizou, ao aniquilar corpos e lugares reais, o poder destrutivo das usinas atômicas, e materializou o irreparável. Nenhum consolo poderia advir do enunciado das "causas", da litania de falhas humanas ou da negligência soviética. Não se tratava da destruição da essência humana, mas da vida, da vida de humanos e de outros seres além dos humanos. Eu também entendi que o recurso às mais inverossímeis mentiras sempre acompanharia as falhas do poder.

Com os organismos geneticamente modificados (OGMs) foi uma outra história. Essas quimeras, saídas de laboratórios para se instalarem em campos cultivados, me causaram imediata repulsa. Adulterar a vida, outorgar-se o direito de modificar a escrita do vivo de forma irreversível, ser condenada diariamente a engolir alimentos patenteados e geneticamente manipulados é outro salto, de ordem diferente da fábrica nuclear, embora igualmente assustador. Toca o mais íntimo, o mundo primordial da vida e sua reprodução. A degradação e a morte são sua essência.

Agora eu sei que esses OGMs de primeira geração, obtidos pela introdução de um gene – por transgênese –, eram apenas um aperitivo, preparando a chegada de "OGMs ocultos", obtidos por mutação de um gene – por mutagênese. Eles também anunciavam técnicas de impulso genético para modificar populações inteiras de seres vivos por transmissão direta de alterações na reprodução.[52] A utopia técnica da dominação caminha lado a lado com a euforia da ausência de controle, da experimentação do inédito. O resultado são criaturas monstruosas e desertos verdes.

Antes mesmo de raciocinar, de escutar as denúncias feitas por cientistas e camponeses, de entender o reducionismo do "todo genético", antes de me apropriar desses novos saberes para fazer face à propaganda, que choque! Essas cozinhas de alta tecnologia são repugnantes.

Inventadas em laboratórios assépticos, são corrupções invisíveis e contagiosas, que alteram permanentemente a vida. Experimentei uma revelação comparável à de Rebecca Solnit indo cortar e destruir com alegria, durante o dia e com o rosto descoberto, transgênicos nos campos.

Entendi então que você também tinha se tornado parte da resistência. Teus sistemas biológicos reagem a essas quimeras. Quando os cientistas introduziram um gene do feijão verde nas ervilhas para eliminar uma praga destruidora que era sensível a ele, os ratos cobaias sofreram alergias graves.[53] Da mesma forma, o salmão transgênico, modificado para crescer rapidamente e comercializado desde 2017 no Canadá, é tão monstruoso que só pode ser vendido cortado em filés! Como se a tua resistência biológica e a nossa se encontrassem numa "resistência interespécies".[54] É uma alegria ser cúmplice disso.

Eu te encontro nas desventuras, na Argentina, da soja transgênica "Roundup Ready", que ocupa mais de 50% das terras cultiváveis. Nos Pampas, dois mundos se opõem. Lá no alto, o mundo fora do solo dos dados de satélites, aviões para pulverização, silos gigantes, cidades enriquecidas e perdidas num "deserto verde". Ali embaixo, um mundo terrestre, onde uma resistência interespécies se manifesta. Se o Roundup suprimir tudo o que vive em torno da soja modificada, não poderá impedir a mutação de certas "ervas daninhas", os indomáveis amarantos. Esses guerreiros travessos e astutos, favoritos da deusa Ártemis, criam um obstáculo imprevisto para o cultivo da soja. Irônicos, eles praticam a arte do desvio e podem parasitar a maioria dos campos cultivados. As populações, ameaçadas pela intensificação da pulverização de pesticidas, sitiadas nas "zonas de morte", aliaram-se a esses heróis. Colheram as sementes para fazer "bombas de amaranto", jogadas nos campos de soja para sufocá-la. É eficaz e emocionante. A história é bela: certas variedades de amaranto comestível, rico em proteínas, eram plantas sagradas, cultivadas pelos incas.

Tuas reações não estão dissociadas da imagem degradada da Monsanto, a gigante do terrível herbicida e do tráfico genético. Ela já foi condenada por falta de informações sobre os perigos do glifosato. Face ao império químico-genético, o sucesso no verão de 2018 do jardineiro Dewayne Johnson, que desenvolveu um câncer, é cheio de promessas. Os humanos ainda não foram modificados para resistir a esse veneno. Vários milhares de outros julgamentos estão pendentes.

Esses crimes continuam.[55] Prepare-se para novos ataques. A Monsanto foi comprada pela agroquímica Bayer, famosa fabricante de inseticidas assassinos de abelhas. Esse casal é perigoso, mesmo que sua reputação esteja prejudicada pela proliferação de queixas. Sua imagem já não era brilhante. Se a Bayer é de fato conhecida pela invenção da aspirina, ela também é famosa por integrar o conglomerado IG Farben e como produtora do gás Zyklon B, inseticida e raticida usado para acelerar a industrialização da morte nos campos nazistas. Compartilhar com a Monsanto uma cultura de extermínio teria favorecido as reconciliações? Antes dos OGMs e do Roundup, a Monsanto se destacava graças a um herbicida, o agente laranja, usado extensivamente como desfolhante durante a Guerra do Vietnã. A fusão evoca uma macabra "economia circular": a Bayer comercializa produtos farmacêuticos para cânceres causados pelo glifosato da Monsanto.

Você não aguenta essas quimeras e se impõe. Felizmente, não se deixa manipular, "exige teus direitos". Muito tempo depois de Heráclito, chega-nos a prova feliz de que Deus ou ser humano algum jamais criou você.[56]

a atenção aos nossos apegos terrestres

Ao longo do caminho, você nos guia pelas muitas vias de regresso à nossa condição terrestre.[57] Tuas feridas e tua resistência nos fazem experimentar tua presença novamente, amar o que nos une. É daí que vemos a prova de nossos elos e a força para enfrentar os poderes destrutivos. É também daí que podemos apreender as múltiplas retomadas da vida e a aspiração de criar condições, mesmo nas situações mais improváveis e às vezes desesperadas, para viver e não apenas sobreviver sob uma redoma segura e com ar-condicionado.

Fechados em nós mesmos, privados de sua respiração em bolhas suspensas, sufocamos. Com falta de oxigênio, oprimidos, cansados de sermos confrontados apenas conosco, a depressão aguarda. Delicia aqueles que tomam posse dela administrando drogas psicotrópicas e promovendo-a mais tóxica, o pesadelo de uma superação tecnológica da nossa condição e da tua, a promessa de um refúgio para uma humanidade em suspenso, aumentada, liberta do sofrimento e da morte.

Você nos acorda de um longo sono, ao abrigo do Progresso e de sonhos de emancipação e liberdade. Esses sonhos não poderão ser realizados sem você. Tua presença dá sentido mais uma vez às experiências diretas, locais, desvalorizadas há muito tempo pelas grandes histórias tecidas com abstrações universalizantes. As múltiplas ocupações resolutas de territórios, florestas, não-lugares, terras, fábricas, as ações coletivas de desobediência, os levantes diários contra a injustiça, a experiência da lentidão e da observação, a rejeição da feiura, as histórias que são procuradas e elaboradas, tudo isso repovoa os caminhos desolados de nossas utopias.

O tempo urge, você me dirá. Mais uma razão para aceitar e cultivar a improvisação e uma reatividade intempestiva para fazer descarrilar a máquina. Não existe fórmula milagrosa, nem partitura escrita, nem programa para repetir em uníssono. Diante da tua devastação, não basta transformar o mundo, modificar sua organização, torná-lo mais justo ou mais ecológico, porque é a possibilidade de um mundo que está em jogo.

**por que
crimes somos
responsáveis**

*Chegou a hora de pensar no futuro que reservamos para a
Mãe Terra, nutriz não apenas biológica, da nossa vida, mas
também espiritual, da nossa civilização, da nossa imaginação,
dos nossos sonhos, das nossas culturas, e na realidade da
nossa condição humana.*
JEAN MALAURIE[58]

Tuas feridas nos acusam. Sem apelo. Teus acessos de raiva também são reclamações. Sintomas de um enorme desencaminhamento. "Nossa" responsabilidade é convocada diariamente. Eu gostaria de ver nela uma centelha de lucidez política. Receio, no entanto, que a insistência em designar um "nós" indistinto, uma responsabilidade coletiva indiferenciada, acabe com essa possibilidade.

Tuas intemperanças se amplificam e se sucedem sem trégua. Elas nos projetam em tempos incomuns, pontuados por eventos improváveis, imprevisíveis e excepcionais. Você bate com força. A vida está em perigo. De modo que nossos medos e fascinações são agravados por uma "consciência infeliz", uma vaga responsabilidade que não sabe onde se situar. E que, se não tomarmos cuidado, poderia muito bem ser assumida por especialistas em gestão e responsabilidade de desastres, procuradores daqueles que destroem conscientemente e em larga escala enquanto posam de salvadores.

Assim, para esclarecer o que deve ser feito, bloqueado, abandonado, sem ceder às injunções paralisantes de um "todos responsáveis, todos culpados", gostaria de desembaraçar com você o novelo de perguntas inéditas. E também separar o "nós" dos terrestres e o "eles" dos poderes criminosos e seus cúmplices. Sem com isso deixar de assumir responsabilidades. Sem perpetuar tampouco uma postura de mestres, responsáveis pela totalidade dos teus mundos que imaginaríamos sob nossas ordens.

os hábitos da fuga às responsabilidades

Você pode ver que, diante dos crimes, entre a negação cínica de alguns e o decreto que outros fazem de uma Humanidade indivisa e responsável, indistintamente culpada, a diferença é muitas vezes um arrependimento sem consequências. Um *greenwashing* da alma. Todos entram em acordo, finalmente, para te dirigir, reparar a falha ou a falta de controle. Você mergulhou os climato-céticos e seus aliados em situações tão insustentáveis, minando seus argumentos um a um, que muitos deles se tornaram zelosos promotores das técnicas da tua manipulação em larga escala, tecnoprofetas, na vanguarda da promoção de tecnologias pesadas e assustadoras, *soluções* radicais para te adaptar aos seus projetos.[59] Quanto aos que querem te salvar envolvendo-se na onipotência de uma responsabilidade indivisa, que eles encarnariam, esses se tornam os cantores do "Make Our Planet Green Again", acreditando segurar você entre as mãos.

Para te salvar e salvar a Humanidade, nada menos que isso, esses pequenos deuses criadores pretendem te reconstruir para melhor te governar e, ao mesmo tempo, governar a massa compacta e indiferenciada de seres humanos, ultrapassados pela complexidade, irresponsáveis e inconscientes, dizem eles. Supérfluos. Eles se consideram os pastores e, especialmente, os cães de guarda de seres humanos supranumerários, que teriam a responsabilidade de administrar diante das catástrofes: "Com máscaras de gás, abrigos e alertas podemos forjar manadas miseráveis de seres apavorados, prontos para ceder aos terrores mais insanos e acolher as tiranias mais humilhantes, mas não cidadãos".[60]

Essas posturas me preocupam tanto quanto as ameaças que você sofre. Especialmente porque, além dessas caricaturas, a fuga diante das responsabilidades concretas também segue caminhos mais perversos, conduzindo da responsabilidade de todos à responsabilidade de cada um.

Tua salvaguarda seria dada indiscriminadamente a cada humano, ela dependeria do autogoverno dos cidadãos-consumidores. Podemos reconhecer claramente aí o "governo neoliberal",[61] com suas palavras-chave, autocontrole e autoprodução de si. Eis um de seus episódios fundadores, modelo do gênero, amplamente difundido desde então. Em 1953, um consórcio de industriais, Keep America Beautiful, entre os quais a Coca-Cola e a American Can Company,[62] foi fundado para se opor a uma regulamentação do Estado de Vermont que tornava obrigatório o depósito de garrafas de vidro. Na verdade, foi o momento em que esses fabricantes apostaram em recipientes descartáveis e recicláveis. Na década de 1960, para testemunhar sua "alta qualidade ambiental", eles fizeram campanhas publicitárias criticando a poluição pessoal e os atentados à beleza da América. Com a voz em *off* de um certo ator, futuro virtuoso das políticas neoliberais, Ronald Reagan, indignado com a sujeira e a "incivilidade ambiental".

Diante do desperdício sem sentido de teus solos e subsolos, os "mestres" da economia consideraram urgente bloquear as regulamentações ambientais, exigindo responsabilidade individual e autossubmissão. Para evitar a obrigatoriedade dos depósitos, as empresas promoveram a reciclagem voluntária, cujo imenso mérito, a seu ver, é incentivar os "pequenos gestos" de civilidade ambiental e incitar a responsabilidade individual. Não importa se o sistema de depósito é menos predatório e poluente do que a reciclagem, tua beleza deve ceder à da América, da General Motors à Coca-Cola. Cada um de nós é responsável. A salvação comum exige gestos individuais.

Teus alertas e as manifestações de um movimento ambiental emergente e potencialmente subversivo não passaram despercebidos. Você foi anexada à ordem neoliberal; chegou mesmo a se tornar um de seus pilares, pois, com você, as condições essenciais da vida foram alistadas. A perversidade dessas políticas é profunda. As escolhas parecem reduzidas a obedecer à injunção de pequenos gestos voluntários e a ratificar a ausência de regras coletivas obrigatórias, ou a recusá-la e abandonar a atenção à vida cotidiana, aos cuidados que você reivindica, em nome dessa vez da falta de regulamentação e de uma responsabilidade sistêmica.

Como escapar a essa não-escolha, quando tuas ameaças são sempre mais urgentes e as ações individuais podem parecer fúteis? Para responder, volto-me primeiro a você, que conhece o "efeito borboleta", ou como pequenos distúrbios podem causar grandes tornados. E também me lembro que a história humana é pontuada por tais gestos, aparentemente ridículos e com efeitos que os ultrapassam. O desejo de autonomia, a capacidade de se indignar e revoltar-se, de se empenhar para obter regulamentações, desmascarar crimes, tudo isso também não se alimenta de vigilância, de atenção moral e política ao que fazemos? O futuro permanece imprevisível, mesmo que esteja fortemente hipotecado. Ser terrestre é também admitir isso.

Essas múltiplas saídas se combinam, se sobrepõem. Muitas vezes adicionam-se aí considerações que invocam tua indiferença diante do que acontece: você sobreviveria a uma sexta extinção, e sobretudo à nossa. Encontraria até um certo descanso nisso, e tua história seria escrita novamente no tempo geológico de um planeta do sistema solar.

Essas banalidades, falsamente sábias, ignoram nossos laços. Você é Terra também através do teu nome, que nos é confiado, e que fala conosco por você em muitas línguas escritas e orais. No idioma grego, você é chamada "a Terra de amplos flancos, morada universal para sempre estável",[63] lugar seguro para todos os seres vivos. A vida, que você tornou possível, te transformou profundamente e te tornou habitável para muitas espécies, incluindo a nossa. A devastação da tua diversidade e a instabilidade atual de nossa estadia aqui não se devem aos efeitos do tempo geológico. Essas palavras desiludidas não dizem nada sobre você e nosso tempo, elas nos desarmam. Se a história humana representa uma pequena fração de segundo da tua, nós estamos aqui, os terrestres, e, na escala de nosso tempo histórico e político, nossas histórias se misturam. Nós coevoluímos.

Sob o disfarce de uma consciência iluminada, a afirmação da tua indiferença é desoladora, pois muitas vezes abriga uma verdadeira indiferença à nossa condição presente. Como se tudo o que acontece pouco nos dissesse respeito. Ou, antes, pouco nos dissesse respeito individualmente: "O que é notável entre nós, os modernos em fase terminal, é a apatia suave, a indiferença cética e a curiosa indolência com que consideramos a catástrofe".[64]

Ao escrever para você, uma anedota esclarecedora narrada por Günther Anders volta à minha memória. A bordo de um trem, ele conversa sobre o perigo nuclear com um viajante visivelmente rico, fumando um charuto, que responde: "Todos nós vamos morrer juntos". Você vê como a emoção pode ser anestesiada e o medo, removido: "Esse perigo que ameaça não somente a *mim*, mas a todos *nós*, não me ameaça pessoalmente. Portanto, também não há necessidade de me preocupar ou me esforçar para agir pessoalmente".[65]

Eles anunciam: "Todos responsáveis, todos culpados", "Cada um de nós culpado, cada um de nós responsável". Esses apelos, de tom patético, cobrem a tragédia dos crimes de ecocídio que sofremos juntos, do geocídio que te fere.[66] Numa época que gostaria de ser apolítica, abalada por eventos sem causas, ameaças anônimas às quais bastaria responder com intervenções de emergência, com dispositivos de prevenção e detecção, é urgente dar um conteúdo concreto, político e ético à responsabilidade. Nomear os culpados e desembaraçar as correntes de cumplicidade. Multiplicar as indagações. Isto é o que eu leio em teu olho que nos fita e nos orienta.

por que terrores somos responsáveis?

Você tremeu em Lisboa em 1755. Foi um momento avassalador para a nossa história. Essa próspera cidade europeia de um país católico foi destruída pelo choque do terremoto, amplificado por um incêndio monstruoso e um tsunami. Teu tremor foi sentido por toda a Europa e bem além. Você também abalou violentamente o pensamento filosófico e religioso da época. Os traços não foram apagados, e o pano de fundo das famosas controvérsias entre Voltaire e Rousseau permanece, mesmo que outros tremores voltem a sacudir o pensamento.

Você tornou obsoletos o catastrofismo messiânico e as explicações divinas para as catástrofes naturais.[67] É a mensagem de Voltaire num poema filosófico, o "Poema sobre o desastre de Lisboa". Ele se opõe à doutrina predominante do otimismo e da Providência beneficente, que fazia do mundo atual o melhor de todos os mundos possíveis, justificando o mal em nome de uma harmonia superior. Sua compaixão diante do sofrimento físico das muitas vítimas o impede de invocar um Deus bom que se vingaria do mal moral. Ele deduz o absurdo de tal evento, seu acaso cruel e como é implacável o destino numa "terra deplorável".

Você subverteu as representações ainda mais profundamente do que pensava Voltaire. Você desafiou a Razão, a quem ele confiava a tarefa de instituir a ordem num mundo privado dela.

Você não projetou, no entanto, a arquitetura e a urbanização de Lisboa, não concentrou populações numa zona de terremoto. Essa foi a resposta de Rousseau. Ao contrário de Voltaire, ele dedica atenção exclusiva à ação perturbadora dos seres humanos: "Sem sair do tema Lisboa, o senhor há de convir, por exemplo, que a natureza não havia reunido ali vinte mil casas de seis a sete andares, e que se os habitantes dessa grande cidade estivessem mais dispersos e suas habitações fossem mais exíguas, o dano teria sido muito menor e talvez inexistente".[68] Deus não é responsável, nem a natureza. A responsabilidade dos seres humanos está totalmente comprometida: eles mesmos criam seu próprio infortúnio.

Você também não destruiu os manguezais protetores e os substituiu por complexos turísticos, tornando o tsunami que atingiu o Oceano Índico em 2004 um evento devastador. Ele varreu costas nuas e humanos desprotegidos. A voz de Rousseau sempre ressoa, a ponto de às vezes esquecer a violência e o absurdo do próprio evento. Essa voz está ainda mais presente, já que esses cataclismos afetam particularmente as pessoas com as vidas mais precárias, as menos protegidas, alojadas em casas improvisadas em áreas perigosas. As imagens de Nova Orleans depois do furacão Katrina são inesquecíveis; mostraram uma América muitas vezes desconhecida, vivendo em uma espécie de *apartheid* social e racial, revelado pelo furacão e pela situação dos mais pobres, condenados a permanecer numa cidade, sem ajuda, enquanto que os mais ricos conseguiam ir embora.

Em 2011, você também atingiu o Japão com um terremoto e um tsunami, cujo alcance devastador foi proporcional à explosão técnica do século passado. Eles não apenas tiraram milhares de vidas e arrasaram casas e instalações como também destruíram reatores nucleares em Fukushima, te envenenando com uma poluição irreversível em nossa escala humana. Essa devastação atômica envolve responsabilidade humana, a do Estado japonês, a da empresa proprietária e gestora e a do *lobby* atômico.

Nosso medo atual não deriva do velho terror bíblico, das imagens do Dilúvio, do desejo de vingança de uma Gaia ofendida que irromperia subitamente, mas da experiência de episódios extremos dos quais somos inocentes bem como daqueles que provocamos, aos quais não somos estranhos, que nos atingem, mesmo nas regiões mais protegidas.

Mudamos de época. Certo, você não se vinga, mas responde. Não suporta mais as feridas que infligimos a você, que a sociedade industrial e o capitalismo global infligem a você. Teus acessos de fúria e tuas intemperanças expressam teu sofrimento.

Consideramos as nossas histórias respectivas estrangeiras e indiferentes, pois a tua ocorre por um longo período de mais de quatro bilhões de anos, sem medida comum com a nossa, cerca de duzentos mil anos para o *Homo sapiens*. Mas essas histórias se cruzam, colidem. O peso colossal de nossas pegadas causa um grande tumulto. Ciclones, tempestades, ventos atroadores desafiam a imaginação. Ficamos desamparados quando ressurgem os terrores que acreditamos serem os dos antigos mundos "obscurantistas", quando "a natureza vasta, titânica e desumana" evocada por Henry David Thoreau[69] é desencadeada, quando você se rebela.

Teus levantes já fizeram muito para desafiar radicalmente este mundo, revelá-lo, desqualificar as falsas promessas e esclarecer os impasses. Você enriqueceu nossa percepção recordando-nos teu lugar como presença soberana.

Quando te perfuramos para extrair gás de xisto, injetamos grandes volumes de água para explodir a rocha. Sacudimos teu subsolo, como mostram muitos registros sísmicos em Oklahoma ou no Texas. No Reino Unido, a corrida pelo gás de xisto teve que ser suspensa em Lancashire porque numerosos terremotos subterrâneos ameaçaram a integridade dos poços e aumentaram o risco de vazamentos no lençol freático. Mais eventos serão necessários, porém, para parar este massacre! A perfuração foi retomada e ativistas desobedientes, tentando bloqueá-la, foram condenados a penas de prisão, por fim anuladas por apelação.

Você está tremendo em Groningen, na Holanda. Esse campo de gás, um dos maiores do mundo, tornou o tumultuoso Mar do Norte um recurso inestimável. Como resultado da escavação nas profundezas, o solo cede numa área densamente povoada. A bacia do Mar do Norte, com sua história atormentada, fraturada e esvaziada, tornou-se instável, abala teus estratos geológicos e atinge as falhas das vidas humanas.[70] Em Groningen, o fim da mineração foi prometido aos moradores preocupados para o ano 2030. Isso é muito distante para eles.

Tua atmosfera e o ciclo do carbono são profundamente perturbados pelo uso maciço de combustíveis fósseis, o ciclo do fósforo e do nitrogênio é desregulado pela agricultura industrial, o da água está fora de controle, com secas e inundações extremas resultantes. A atual extinção de espécies não pode ser atribuída a um evento extra-humano, contingente, como foram as extinções anteriores, notadamente a mais famosa, a dos dinossauros. Essa extinção ocorreu sessenta e cinco milhões de anos atrás após a explosão de um meteorito gigante na península do Yucatán e/ou um intenso período de atividade vulcânica, de acordo com as premissas geralmente aceitas hoje em dia.

Nossas ações estão aumentando as zonas mortas, proibidas, cobertas com resíduos perigosos e também as zonas de vida em *sursis*, que se tornaram laboratórios do futuro: "Para cada dez milhões de bielorrussos, dois vivem em zonas contaminadas. É um gigantesco laboratório do diabo. [...] Eles estão preparando o futuro".[71]

Quase três séculos após o terremoto de Lisboa, você voltou a perturbar nossas reflexões. Nossas estruturas de pensamento vacilam porque não somos mais apenas vítimas de desastres naturais contingentes, como Voltaire escreveu antes da dominação da sociedade industrial, nós as provocamos. Será que podemos, então, concordar com o filósofo Jean-Luc Nancy quando ele afirma: "Não há mais desastres naturais: existe apenas uma catástrofe civilizacional que se espalha em todas as ocasiões"?[72] No fundo, você está morta?

Você está aí para responder. Pela tua presença ínfima, uma teia de aranha, amaranto selvagem, ou mais grandiosa, céus cambiantes e inesperados, ondas quebrando. Presença também violenta e ameaçadora, movimentos de tuas camadas subterrâneas, falhas, deslocamentos de tuas placas tectônicas, tempestades, obedecendo a leis não humanas e causando a cada vez desastres naturais singulares. Chamam-se Haiti, México, Quito, Santiago do Chile, Sendai, Osaka, L'Aquila, Amatrice, Lesbos.

Ao não distinguir teus tremores próprios da catástrofe civilizacional, privamo-nos, para enfrentá-los, da força evocativa e normativa de tuas intemperanças e de nossa finitude: "Pois, imaginado ou real, a catástrofe tem a força prodigiosa de surgir como a objetificação do que nos ultrapassa".[73] Em suma, poderíamos muito bem renovar as ilusões de nosso descomedimento, que remove toda contingência e faz com que nossas histórias dependam de nossa vontade, quando é urgente nos livrarmos delas. A "consciência infeliz" encontra consolo aí, dividindo os humanos e sua tecnologia. Esquecer tua alteridade leva a adotar a narrativa dominante do Antropoceno,[74] que faz dos humanos uma força capaz de te absorver completamente, uma força geológica quase divina.

reconhecer-te ingovernável

Quando o vazio de sentido do teu imenso descomedimento se enche de responsabilidade humana, a catástrofe pode se tornar um simples excesso que estaria ao nosso alcance limitar implementando *boas soluções*. Um *acidente* de percurso, reparável, previsível, racionalizável. A porta então se abre para quimeras tecnicistas. Você sabia que mecânicos consideraram seriamente modificar teu eixo de rotação, que está muito mal posicionado para nós, a fim de te refrescar, alterando tua orientação em relação ao Sol?

Voltemos à terra e a Fukushima, onde a catástrofe foi rapidamente banalizada, liquidada, reduzida a um *acidente*, a falhas de segurança, a falhas humanas. Você é esquecida. O acidente é gerenciado, *soluções* para impedir que o evento aconteça são novamente postas em cena. Como se tudo dependesse da vontade e escolha humanas. Como se qualquer novo terremoto ou tsunami estivesse excluído. Como se pudéssemos impedir os efeitos da radioatividade. Svetlana Alexievitch, que há trinta anos segue os passos dos sobreviventes de Chernobyl, doentes e rebaixados, coletou suas histórias, incluindo a de Nadezhda Petrovna Vygovskaia, evacuada da cidade de Pripyat, muito perto da usina: "Como o exército vinha nos ajudar, tudo ficaria bem. A ideia de que o átomo pacífico poderia matar não passou por nossas mentes... Que o homem era impotente diante das leis da física..."[75]

Uma vez eliminadas as leis da física, o *acidente* é contido. Não é mais surpreendente, então, que os habitantes da área contaminada de Fukushima tenham sido convidados pelo Estado a "assumir a responsabilidade" de cogerenciar os efeitos do desastre, a "conviver com" a contaminação, a aceitar as "baixas" doses de radiação. A zona de exclusão inicial foi transformada em zona "experimental" na qual cobaias humanas são submetidas a auditorias para melhorar o gerenciamento de acidentes nucleares. São incorporadas às engrenagens das infraestruturas atômicas, como foram os sacrificados pelo átomo, enviados para enfrentar o fogo nuclear com meios improvisados. Situações ainda mais impressionantes por glorificarem a dedicação individual, a responsabilidade e o heroísmo do samurai nuclear: "Assim se construiu a imagem dessas vítimas que tiveram que expiar um crime – contra a humanidade – que não haviam cometido".[76] Juntam-se aos bombeiros e liquidatários de Chernobyl, transformados pela propaganda soviética em heróis lendários: "Colocaram uma pá em minhas mãos. Era praticamente o meu único instrumento. Enunciamos um aforismo: a pá, a melhor arma antinuclear. [...] mas ninguém reclamava. Quando a gente tem que ir, tem que ir! A pátria nos chamou!"[77]

Tua parte desumana é restaurada por esses relatos. Eles testemunham o aprendizado da impotência humana diante das leis da física e o perigo de ignorá-las.

Mais recentemente, em setembro de 2017, quando ciclones violentos varreram as ilhas do Caribe, o abandono sofrido por seus habitantes alimentou uma crítica aos Estados, considerados irresponsáveis, incapazes de proteger as populações mais expostas e mais pobres. Essas críticas estão corretas. Deveriam mesmo ser complementadas acrescentando a irresponsabilidade do *laissez-faire* imobiliário e financeiro. No entanto, fogem a uma questão essencial. Diante de fenômenos climáticos extremos, que temos motivos para acreditar serem também um efeito da mudança climática, diante do desencadeamento de ventos que sopram a mais de trezentos quilômetros por hora, de chuvas torrenciais, diante de eventos decididamente improváveis, o que o Estado ou qualquer outra instituição humana pode fazer no momento em que esses fatos ocorrem? Quase nada, especialmente porque suas instalações em geral não resistem a esse caos. Ignorá-lo suscita mais o ressentimento do que uma tomada de consciência. Esses eventos são incontroláveis. Não podemos suprimi-los, devemos apenas parar de provocá-los ou amplificá-los. Aí reside a nossa responsabilidade.

Falhar em reconhecer tua autonomia e tua alteridade é recusar o que nos ultrapassa e perseguir a utopia brutal de tua completa humanização e da eclosão de desastres incontroláveis. Os seres humanos não são responsáveis por tudo. Cabe a nós distinguir, nas catástrofes, nossa parte daquela que nos escapa. É certo que agora tudo está misturado, catástrofes naturais e catástrofes antrópicas. Tanto que não é incomum ouvir falar de maneira enfática sobre um tsunami financeiro ou um terremoto político. Essa mistura confunde e anula as responsabilidades humanas, naturalizando-as. Reforça a imaginação antropocêntrica, ignorando teu lado selvagem, alheio à responsabilidade humana. Em suma, poderíamos morrer afogados "sob um dilúvio de inocência".[78]

Lembro-me, ao escrever para você, do terror fascinado que me inspiravam teus acessos de ira, erupções vulcânicas, tempestades, inundações, incêndios. Fascinação culpada e inconfessa, tanto que às vezes me parecia duvidosa, como um gosto insalubre pelo desastre e pelo drama, um prazer diante do medo e uma complacência diante do infortúnio. Agora sei que eles me perturbam enquanto revelam uma grandeza e um poder desumanos. Algo desmesurado que cria novas medidas, que faz o mundo vacilar em dias de grande tempestade.

Redescobri a expressão de tais emoções contraditórias diante de eventos excessivos, letais, na carta escrita por Michèle Lesbre a uma salteadora: "Os acessos de raiva da natureza sempre me perturbaram, tanto pelos dramas que acarretam quanto pela potência que revelam".[79] É uma explosão que impõe tudo isso, que nos faz aterrar. Esse encontro com o inumano revela tua força incontrolável.

Terremotos, tsunamis, erupções vulcânicas, esses eventos geológicos pertencentes à tua longa história têm sua própria causalidade. Obedecem a leis extra-humanas. Confrontam-nos com o que você tem de inumano, dão corpo ao que nos ultrapassa, têm algo de sublime. Tua violência pura não pode ser apreciada de acordo com as categorias humanas do bem e do mal, já era essa a mensagem de Voltaire. É isso que chamo de tua parte selvagem, ingovernável e inumana.

Nossa responsabilidade como terrestres é aprender a viver com essa alteridade, em vez de ignorá-la, e lutar em toda parte contra aqueles que buscam vencê-la e dominá-la. Aprender também a amá-la, como fizeram as pessoas que vivem em áreas pouco hospitaleiras; para nos protegermos dela, por fim, redescobrindo os traços de civilizações que conceberam modos de viver sem te derrotar ou te colonizar. Eu te falei anteriormente sobre Bombaim, agora inundável em grande escala e sem recursos, enquanto que essa cidade, antes da colonização britânica, tinha sido projetada para ficar protegida de tempestades. Muito perto de nós, os vilarejos e cidades antigas, construídos como abrigos para os seres humanos, são cercados por conjuntos habitacionais expostos a ventos, inundações, deslizamentos de terra, calor e frio.

Outros momentos de tuas grandes explosões desumanas foram esquecidos. É o caso da erupção do vulcão Tambora, em Java, em 1815. Demorou quase dois séculos para entender que o gigantesco véu de poeira que surgiu daí fez com que a temperatura da Terra caísse por vários anos. As consequências foram sentidas de Java a Bengala, Yunnan, Europa, Estados Unidos: fomes, epidemias, disseminação do cólera, "tsunami de gelo nos Alpes", "clima ao estilo Frankenstein" da década de 1816 - 1817.[80] Você não é a natureza ordenada e providencial de Rousseau – que, dando aos humanos toda a responsabilidade por seus infortúnios, expressou à sua maneira a doutrina do otimismo.

Uma vez descartada a maldição divina, você estimulou a pesquisa científica e as ferramentas de previsão. No entanto, você é sempre imprevisível. Penso em particular no possível terremoto, previsto e esperado, o *Big One*, sob a baía de São Francisco. Essa área abriga, sobre uma falha sísmica, uma população numerosa, imensas fortunas e os projetos mais *high-tech* do mundo. Você não faz sociologia.

Mesmo que a tua história e a nossa estejam cada vez mais emaranhadas, elas não se confundem. Você também significa que nossa responsabilidade humana tem limites, os mesmos da onipotência. Não somos o Todo: forças maiores, que nos tornamos capazes de desencadear, escapam-nos. Você é a primeira escola de alteridade, de vulnerabilidade. É um presente precioso de se receber, sobre o qual meditar, nós que eliminamos as catástrofes de nosso imaginário ao nos dedicarmos ao culto infalível do progresso e às promessas técnicas.

nossa responsabilidade não é delegável

Você sofre crimes de ecocídio e geocídio. Eles não são o resultado de forças anônimas, nem do acaso. Envolvem a responsabilidade de Estados, empresas, *lobbies* de todos os tipos, estão sujeitos à justiça criminal. Em 2016, o Tribunal Penal Internacional anunciou sua intenção de ter poderes para julgar crimes em tempos de paz, aqueles relacionados à "destruição ambiental, à exploração ilegal de recursos naturais e à desapropriação ilegal de terras".[81] Ainda não chegamos lá, a estrada será longa até a modificação do estatuto do Tribunal e a introdução do crime de ecocídio.

Não podemos esperar, não estamos em tempos de paz, a guerra contra o vivo se intensifica. É por isso que as comunidades estão lutando pelo reconhecimento de tua personalidade jurídica. Por um direito para a Terra ou um direito da Terra.[82] Já evoquei aqui o reconhecimento, em 2017, dos direitos do rio Whanganui, defendidos pelos maoris. Nos Estados Unidos, em Toledo, Ohio, a população se pronunciou através de um referendo a favor de um projeto de lei reconhecendo ao lago Erie, invadido por algas verde-azuladas, seu direito à existência e a evoluir naturalmente.[83] Em 2016, na Colômbia, o Tribunal Constitucional reconheceu os direitos do rio Atrato, ameaçado pela extração de ouro e cuja poluição envenena as comunidades locais. Em 2017, o estado de Madhya Pradesh, na Índia, declarou o rio Narmada uma entidade viva. Sua defesa foi a fonte de resistência às grandes barragens, esses templos da era moderna, e ao engolimento planejado de imensos vales muito populosos.[84]

Eu também poderia te falar da inclusão de teus direitos, os direitos da Mãe Terra, na Constituição do Equador ou da Bolívia. Depois de aplaudi-los, lendo aí uma brecha salutar no antropocentrismo, no reinado absoluto dos humanos, não vou agora vilipendiá-los. No entanto, são diariamente desrespeitados nesses dois países: em nome de lítio, petróleo e outros tesouros, tuas veias estão sempre abertas ali. Não basta simplesmente decretar de maneira abstrata os teus direitos. Eles só fazem sentido se combinados a obrigações imperativas para os Estados, as empresas, as comunidades humanas. Em última análise, as comunidades resistentes são a origem e a garantia desses direitos.

Nestes tempos brutais, o exercício de nossa responsabilidade significa uma presença e uma atenção inabaláveis ao que está acontecendo conosco, humanos e não humanos, ao que está acontecendo com você. Isso não é delegável. Também decorre de um movimento espontâneo, de um requisito ético primário, de um sobressalto, de um instinto. Penso em Wataru Iwata, o compositor japonês que, após noites de insônia em seguida ao tsunami, decidiu deixar seu estúdio e partir para o departamento de Fukushima: "Se eu não for, vou me sentir culpado pelo resto da vida. O governo não está fazendo o que precisa, então faremos nós mesmos".[85] Ele levantou fundos para organizar a evacuação das vítimas e montou um laboratório independente para medir a radioatividade, a fim de informar os residentes infectados e lhes permitir recusar a condição de cobaia a que o Estado japonês os condena.

"Faremos nós mesmos". "Nós" quem? Aqueles que, saindo do torpor, ouvem teus chamados e sabem que se não responderem às injustiças, à servidão e ao autoritarismo, já insuportáveis, eles serão multiplicados. Tudo se encaixa. Cabe a nós, antes de sermos exterminados, fazermos o que está ao nosso alcance, individual e coletivamente, não esperarmos mais para tirar de cena as empresas assassinas. Tudo conta. Você e nós precisamos disso.

teus silêncios
e teus furores

E como podemos duvidar que à ruptura dos grandes equilíbrios biológicos [...] corresponde uma ruptura comparável dos grandes equilíbrios sensíveis em que nosso pensamento ainda encontrava alimento?

ANNIE LE BRUN[86]

Nós, os modernos, acreditávamos que você era um simples suporte, inerte ou acionado por um movimento lento e imperceptível, dedicado a acolher nossas proezas humanas. Porém, você também é animada por movimentos bruscos, às vezes muda mais rapidamente do que as sociedades humanas têm condições de fazer. Você nos recorda isso ruidosamente. De tanto que te ignoramos, a atual mudança climática nos pega de surpresa. O derretimento do gelo dos polos está mudando a geopolítica mais rapidamente do que as negociações internacionais.

Pensávamos que você era muda, por termos feito com que se calasse,[87] e eis-nos oprimidos pelos teus silêncios e aterrorizados pelo barulho da tua fúria. De você para nós, a comunicação secreta foi interrompida há muito tempo; não vivemos mais em simbiose desde o momento em que passamos a te ocupar como conquistadores, imaginando descobrir recursos dormentes, terras vazias e silenciosas:

"A natureza não-humana parece ter se retirado tanto de nossas palavras quanto de nossos sentidos. Que evento produziu essa dupla retirada que estrangula nossas maneiras de falar ao mesmo tempo que ensurdece nossos ouvidos e coloca um véu diante de nossos olhos?"[88]

Abafamos os ruídos da tua presença insubmissa. Os condutores que operavam entre nossos mundos desaparecem, a poesia é rara e muitas vezes corrompida, as bruxas foram exterminadas, o pensamento crítico ainda mantém o mundo sensível a uma boa distância acadêmica. Restam-nos os bruxos cinzentos e elegantes que desejam insuflar um espírito nos mercados a partir das telas de Wall Street, os tecnofeiticeiros descontraídos do Vale do Silício para te guiar com algoritmos inteligentes, os bruxos alquimistas que prometem carvão limpo, ovos sem galinhas, carne sem animais e mel sem abelhas. É uma confusão ensurdecedora, pós-moderna e pós-humana.

como nos reconectarmos com a experiência sensível

No momento em que te escrevo, os climatologistas do IPCC[89] estão divulgando seu sexto relatório. Eu leio, mais por obrigação do que por aguardar novas revelações. Tudo se repete ali mais uma vez: você sufoca, temos que mudar de rumo muito depressa, o tempo está acabando, as temidas mudanças climáticas estão em andamento. E, no entanto, o abismo entre o conhecimento das perturbações graves que te afetam e a imaginação necessária para bloquear a máquina destruidora é vertiginoso. Magnitude esmagadora dos desafios a serem superados? Fatalismo diante do atraso acumulado para enfrentá-los? Interesses poderosos que nos ultrapassam?

Você deve ficar impaciente com essas perguntas infinitamente reformuladas. Elas são legítimas, mas ainda te sujeitam e te ignoram. Você lamenta, sem dúvida, que ao te expulsar de nossas vidas tenhamos perdido sabedorias terrestres e esquecido que o conhecimento, por mais profundo e agudo que seja, não pode desencadear transformações sem passar pela experiência concreta, por uma presença sensível, corporal, atenta às tuas mensagens, capaz de se inquietar e despertar o desejo de te defender, de proteger nossas vidas, nossos sonhos, de começar uma rebelião. Nossos sentidos se perderam no abismo que encaramos há séculos, desde o Renascimento, deplora Carolyn Merchant, historiadora e filósofa ecofeminista[90] estadunidense: "Ocorreu uma alienação lenta e unidirecional da relação imediata, orgânica e diária, base da experiência humana desde os primeiros tempos".[91] No fundo, você está nos chamando para um novo Renascimento, desta vez contigo.

Esse abismo se aprofunda quando falta experiência concreta, quando o tempo para vivê-la é capturado pela corrida capitalista. Esse tempo corre cada vez mais rápido, é contado cada vez com maior precisão, cronômetro em punho. A velocidade anula a duração, a sensação de *ter* tempo. Abole a distância entre o desejo e a posse imediata, te entrega a apetites insaciáveis. Ela te suprime. O tempo concreto da experiência é agarrado pela aceleração.

A urgência ordena desacelerar, frear com toda a nossa força antes das grandes mudanças.

Você está sujeita, como nós, a um presente sem passado e sem futuro, um presente perpétuo, "um presente sem presença"[92], invasivo e desenraizado. Como nossos universos sensíveis não seriam afetados? Os ritmos aceleram e dão a ilusão de poder viver sobre o teu solo tocando-o de leve, deslizando, sem te experimentar, sem te ouvir, eximidos do peso da materialidade, *livres e conectados*, uma vez rompidos os últimos elos orgânicos que nos uniam. A velocidade é um narcótico, extingue nossa sensibilidade e proporciona a alegria de uma presença *light*, transparente e suspensa, sem matéria e sem corpo. As próprias catástrofes se sucedem num ritmo tão rápido que se anulam por saturação.

Terra, imponha teu ritmo, ajude-nos a desacelerar, bloqueie-nos antes que seja tarde demais. Talvez então possamos emergir de uma indiferença comatosa às tuas feridas, às marcas que elas imprimem nas vidas. Indiferença muitas vezes leve, *cool*, que se abstém de um consentimento ativo ante o desastre e chega a permitir momentos de lamentação. Ajude-nos a curar os sintomas dessa nova "banalidade do mal"; ela nos alcança quando teu caos e nossas misérias se tornam imagens insignificantes, desconectadas, sensacionais, confortando nosso exílio do mundo.

Com você, sofremos por termos oposto a sensibilidade à razão durante tanto tempo. Somos todos ameaçados por uma razão calculista, quantitativa, alheia ao razoável. Nossa sensibilidade é atrofiada e confundida com os múltiplos estímulos das redes de comunicação e dos objetos conectados. Sofrendo sob esse império de uma razão seca, reprimindo tudo o que lhe escapa, o obscuro, a vida é mutilada. Estamos presos nas engrenagens de uma imensa máquina sem alma. É hora de escapar.

ouvir você em vez de calcular

Estamos desmoronando sob estatísticas, modelos climáticos, tabelas de extinção da biodiversidade. Não vou infligir a você os detalhes das curvas exponenciais do desastre e as cascatas de dados cifrados, repetidos diariamente.

Abordar-te com a linguagem da estatística conforta nossa vida acima do solo e amplia o que acreditamos ser teu mutismo. Os bilhões de toneladas de carbono dissipados em tua atmosfera, os barris de petróleo extraídos de tuas entranhas, os bilhões da dívida financeira que parecem girar em órbita, os bilhões dos crimes fiscais *off shore*, a *cloud* de informações que nos envolve e nos controla, tudo isso excede nossa percepção e nossa capacidade de pensar. São cifras desencarnadas.

Você desaparece sob esses números imensos. Sua enormidade os subtrai de qualquer representação, emoção ou responsabilidade diante de uma realidade que os excede. Tanto que esses dados, essenciais e necessários como são, não constituem um estímulo suficiente para realmente pensar sobre o que está acontecendo e agir em conformidade. Veja, podemos ao mesmo tempo ficar chocados com relatórios anunciando o rápido desaparecimento de um milhão de espécies vivas e aceitar a renúncia a proibir a disseminação de oitocentas mil toneladas de glifosato a cada ano.

A modéstia das cifras pequenas talvez seja um remédio para essa discrepância. Você está muito mais presente nos resultados publicados pelas pessoas que financiaram a medição da presença real desse veneno em sua urina.[93] Ninguém escapa. Estou contaminada, você está contaminada, nós estamos contaminados. O glifosato e seus derivados ainda não foram proibidos. Em vez disso, metas de redução cifradas são anunciadas para 2020, ou para 2023, não sei, estou perdida nos anúncios. É o que Alain Supiot chama de "governança por números",[94] ou seja, o estabelecimento de objetivos mensuráveis em vez da instituição de normas comuns, leis justas, regras coletivas obrigatórias.

Medidas quantitativas não podem substituir a política nem a ética. O texto do Acordo Climático de Paris também é um modelo desse tipo. Você está dramaticamente ausente. Ele estabelece uma meta específica para o aumento da tua temperatura média na escala do final do século, 1,5 °C. Ao mesmo tempo, o texto não contém regulamentos obrigatórios nem proibições. Não estabelece qualquer jurisdição que possa torná-lo eficaz. É por isso que, desde sua rápida ratificação em 2016, a maioria das discussões se concentra nos métodos de cálculo e verificação dos compromissos classificados de "voluntários" dos Estados, quando sabemos que você aqueceria mais de 3 °C se eles foram respeitados *a minima* – e eles já foram excedidos. Esses cálculos ocuparam a maioria das atividades da Conferência Mundial do Clima na Polônia em dezembro de 2018.

Você sabe que de acordo com a Organização Meteorológica Mundial esse ano foi o quarto, desde 2015, de uma série de anos mais quentes desde a existência dessas leituras de temperatura. Muitos eventos extremos o pontuaram sem afetar diretamente o curso dessas discussões. Nessas condições, os dados cifrados são mais uma maquiagem contábil do desastre do que um incentivo para mudar de rumo. Os desastres são neutralizados, banalizados num dilúvio de cálculos probabilísticos de riscos globais, cada vez mais sofisticados e herméticos, transmitidos por palavras de especialistas, onde devemos ver, sentir, ouvir e pressentir sinais de perigos não quantificáveis certos.

Nosso distanciamento e nossa perda de sensibilidade reduzem nossa inteligência do mundo. Para reencontrá-la, deveríamos olhar perto de nós, ouvir, conectar-nos, fazer contato imediato com teus universos sensíveis. Percebemos que "às vezes conhecemos melhor os elefantes, as girafas e os tigres do que as espécies de insetos, roedores ou pássaros da floresta vizinha".[95] Passaríamos a ter, então, confiança nos sinais transmitidos por eventos muitas vezes minúsculos e ainda assim arautos de grandes perturbações: "Não há necessidade de dados da NASA, tufões repetidos, imagens mostrando ursos polares incongruentes, brilhando sobre rochas marrons, expostas pelo derretimento do gelo do Ártico ao qual deram seu nome. Dois insetos, há dois anos [em 2013], saltaram quatorze quilômetros para me dizer que a temperatura na superfície do globo estava subindo rapidamente".[96] Trata-se de duas cigarras que cruzaram a linha entre o sul da França e o Maciço Central, onde mora o autor dessas linhas, Pierre Bergounioux.

um silêncio turbulento

Teu silêncio não tem mais somente a substância de um apelo benéfico ao descanso e à contemplação, o de Jean Giono no *Cântico do Mundo*: "Houve momentos de grande silêncio, depois os carvalhos falaram, depois os salgueiros, depois os amieiros; os choupos assobiavam de um lado e de outro como rabos de cavalo, até que de repente ficaram em silêncio. Então a noite gemia baixinho nas profundezas do silêncio".[97]

Ele também é o silêncio das vozes que se calaram: "Havia um silêncio estranho no ar [...]. Foi uma primavera sem voz".[98] Rachel Carson, uma bióloga estadunidense, estava preocupada com o dia em que os pássaros não cantariam mais, o momento em que "os rios seriam rios de morte", infestados pela poluição ambiental. *A Silent Spring*, publicado na era da Guerra Fria, também poderia evocar as consequências de um inverno nuclear. O que visava era, na realidade, os danos causados por pesticidas e DDT.[99] Seu sucesso imediato provocou violentos ataques dos gigantes da indústria química contra essa mulher obviamente "histérica" e "perniciosa". Na cabeça, Du Pont de Nemours. E não muito longe, Monsanto, Union Carbide,

Dow Chemical, esses que adquiriram, durante o projeto Manhattan da bomba atômica, a experiência da guerra contra a vida, uma guerra secreta e total.

Supervisionando você de seus helicópteros de vigilância e de seus aviões de aplicação de fertilizantes e inseticidas, eles pensaram que iam te domar ao pulverizar uma nuvem tóxica capaz de eliminar as *pragas*: insetos, ervas *daninhas* e pequenos mamíferos. O DDT foi finalmente banido em 1972 nos Estados Unidos. Essa proibição não foi suficiente para impedir os *lobbies* agroquímicos e seus aliados políticos: o uso de biocidas acelerou e se intensificou. O Roundup e outros pesticidas ainda não são proibidos. No entanto, os dados são impressionantes. Mais de sessenta anos após o alerta de Rachel Carson, o silêncio da primavera é ainda mais profundo. A vida está desaparecendo, a extinção dos pássaros se acelera.[100] *Massacre da primavera*, lemos nos muros da revolta.

Nem tudo está perdido. Alegro-me com a chamada "Devolvam-nos as nossas papoulas! Devolvam-nos a beleza do mundo!",[101] assinada na França por centenas de milhares de pessoas pedindo a proibição dessas substâncias assassinas. Tua beleza é subversiva. Na ausência de legislação, a desobediência, a destruição e o bloqueio dessas produções criminais continuam sendo as únicas opções razoáveis. Estamos prontos para isso.

Você resiste ao arsenal bélico, continua aqui, viva e imprevisível: as "pragas" se adaptam por mutações, exigindo quantidades redobradas de venenos para exterminá-las. No entanto, não somos aniquilados por esta guerra. É por isso que a caça às "pragas" não nos poupa, a nós, os terrestres refratários. Todos os dias, assassinos atacam ativistas que defendem florestas, rios e o solo que nutre. Eles pretendem assim nos silenciar e garantir os negócios cotidianos da agroindústria. O ano de 2017 testemunhou uma epidemia dessa violência, um recorde de assassinatos: mataram mais de duzentas pessoas em todo o mundo, com total impunidade.[102] Em 2016, Berta Cáceres, hondurenha que se tornou símbolo da resistência, foi assassinada por ter mobilizado seu povo, o povo lenca, para defender o rio Gualcarque, ameaçado pela construção de uma barragem em território indígena.

Mencionei tua beleza subversiva. Também a experimentei ao ouvir a *Great Animal Orchestra*.[103] É um trabalho de Bernie Krause, músico, escritor e bioacústico. Apaixonado por música eletrônica e sintetizadores, ele colaborou com grupos lendários das décadas de 1960 e 1970. Com o Doors em particular, com Francis Ford Coppola para a música de *Apocalypse Now*. Certo dia, ele queria gravar sons da natureza californiana para suas orquestrações. Ficou surpreso e deslumbrado com a beleza dessa música, impressionado com sua complexidade. Esse retorno à terra virou de ponta-cabeça sua inspiração e seu trabalho: "Poderiam pensar que eu abandonei o mundo da música pelo som natural. Na verdade, foi ali que eu realmente conheci a música".[104] Ele se deixou penetrar, em silêncio, pelo canto do mundo.

Durante mais de cinquenta anos de sua vida, esse caminho o levou a ouvir tua polifonia, a coletar tuas paisagens sonoras. Com cinco mil horas de gravação de quinze mil sons de espécies animais, ele construiu uma enorme biblioteca sonora do vivo. Ouvindo as vocalizações dos animais, estudando como cada um desenvolve sua música, sua voz, seu choro, ele descobriu um verdadeiro diálogo interespecífico. Cada um tem seu lugar no espectro sonoro e contribui para uma grande orquestra biofônica e geofônica, combinando os sons dos animais com os dos elementos naturais, ventos, água, solos. Essa foi, escreve Bernie Krause, a primeira grande orquestra ouvida pelos humanoides.

Essa obra emocionante também é um alerta: "Quase 50% dos habitats em meus arquivos estão agora tão seriamente degradados, se não biofonicamente silenciosos, que muitas dessas paisagens sonoras naturais, uma vez tão ricas, não podem mais ser ouvidas se não for nesta coleção".[105] Com o desaparecimento do concerto da natureza, um patrimônio musical e linguístico se perde. À guerra contra os vivos é adicionada a cacofonia industrial que também destrói espécies animais. É o caso dos sapos californianos, destruídos pela frequência acústica dos aviões que cobrem seu canto coral e alteram o tecido sonoro que os protege dos predadores.[106] Nós, humanos, não escapamos a essa perda: o ruído industrial torna inaudíveis os sons eufônicos, benéficos para o nosso estado físico e espiritual.

Você responde ao ruído mecânico com um silêncio mortal. Nancy Huston experimentou isso durante uma visita a sua terra em Alberta, Canadá, uma província que em poucos anos se tornou o território inexpugnável de enormes máquinas malignas dedicadas à *limpeza* das areias betuminosas para extrair petróleo. Nada, nem o desaparecimento das florestas, nem a poluição dos rios, nem os protestos dos povos indígenas privados de seus direitos básicos e de suas vozes parece capaz de matar a sede de conquista, poder e lucros: "Se por acaso nos preocupamos com os pássaros, roedores, cervos etc. que antes habitavam esse vasto território hoje despojado de suas árvores, seu pântano de turfa e seu solo [...], mostram-nos que *tout va bien, Madame la Marquise*, porque a Suncor e a Syncrude são empresas verdes".[107]

O verde não é mais uma cor, é uma ideologia. Tuas paisagens sintéticas, reconstituídas, tornadas "limpas" após a extração do betume, "esverdeadas" pelas companhias petroleiras, são silenciosas, inodoras e descoloridas.

Dessa catástrofe sobram povos desenraizados, poluição irreversível, paisagens desesperadas.

teus furores ruidosos

No entanto, para enorme desgosto dos desenvolvedores e dos comerciantes de verdor que impõem sua presença com muito barulho, você se faz ouvir. Teu alvoroço atual é um lembrete, uma provocação, uma negação concreta e diária da pacificação tecnológica que gostaríamos de te impor. Ventos que rugem, o estrondo dos deslizamentos de terra, blocos de gelo se quebrando e deslocamento de geleiras, tremores sob a terra perfurada, você se esgota ruidosamente. Tuas convulsões são mais do que um aviso, agora são um chamado para interromper esses programas.

Você não se submete. Sabe que não pode mais suportar os vampiros do crescimento global e do capitalismo generalizado. Ruidosamente e sem levar em conta nossa dependência, você nos traz de volta a essas contingências que pensávamos superadas, recorda-nos a materialidade indestrutível da vida. Água, energia, terra, ar, essas fontes de vida, degradadas até se transformarem em *recursos* a serem administrados e apropriados, nos escapam e nos envenenam. É o retorno, à força, da necessidade.

Há vinte e cinco séculos, Empédocles escrevia, nos fragmentos poéticos reencontrados: "Ouça primeiro as quatro raízes de todas as coisas, o fogo, a água, a terra e o éter imensamente elevado; dali vem tudo o que foi, é e será".[108] Surdos, claramente erramos.

Por não darmos ouvidos às tuas advertências, desencadeamos eventos que nos escapam. Você é sensível ao que empreendemos, você responde. Teus tumultos são gritos de sofrimento.

amplificar o rumor crescente

O crime é quase perfeito. Quase, porque "algo"[109] parece estar sendo tramado novamente, parece estar crescendo. Um rumor de insurgências vindo de longe? O brilho do retorno dos vaga-lumes desaparecidos?

Isso se deve ao re-conhecimento de nossos apegos mútuos. À determinação em defendê-los. Nossa dependência, por muito tempo ignorada, é testada concretamente agora, mesmo nas regiões mais ricas. Nada escapa, o que comemos, nossos movimentos, vidas fantasmagóricas em cidades tentaculares, a areia plastificada das praias, os desertos do campo, os brinquedos de nossas crianças, o ar que respiramos, a água que bebemos, as terras rachadas por secas, as áreas inundadas ou os incêndios. Impossível ignorar teus ferimentos e te reduzir a um cenário bonito para *selfies*. Impossível ignorar as feridas sociais que se encontram aprofundadas.

Em vez do luto por um mundo que ignora teus limites, muitas vozes celebram a liberdade e a autonomia reconquistadas no gesto de romper com os venenos do crescimento e de suas mercadorias. Do sempre mais. O cessar voluntário da alimentação forçada material e ideológica, a recusa da obsessão tecnológica, da dominação da acumulação sem fim, tudo isso é um alívio real, uma respiração física e psíquica. Essas decisões são benéficas. Elas autorizam o aprendizado da "profissão de viver",[110] a invenção de novas arquiteturas mentais e materiais, novas maneiras de te habitar no sentido pleno do termo, de te ouvir e de viver juntos de maneira solidária, entre humanos e com você. O que estamos esperando para amplificar esse rumor?

Tua presença sensível é enriquecida pelo conhecimento científico com o qual se integra em vez de se opor. Inúmeros trabalhos de historiadores, físicos, biólogos, ecologistas, naturalistas, antropólogos e filósofos alteram nossas representações. Eles nos restituem histórias comuns, mais complexas e inspiradoras do que as histórias da tua conquista e da grande marcha irresistível do Progresso humano. Os desertores dessa História são inúmeros. A história concreta, sem maiúsculas, não avança como um exército.

Resistências, ocupações e bloqueios se opõem à tua completa colonização. Na França, a oposição ao projeto do aeroporto de Notre-Dame-des-Landes é um dos emblemas recentes disso. Foi muito diversa e recordo aqui para você o compromisso dos "naturalistas em luta". Recusando-se a confiar nos estudos de impacto encomendados pelos desenvolvedores, eles deixaram seu laboratório para identificar todas as espécies de animais e plantas que vivem na "área a ser defendida": "Durante três anos, botânicos, entomologistas, batracologistas e ornitólogos desse coletivo visitaram voluntariamente a zona úmida e suas paisagens de pequenos bosques para realizar seus próprios inventários. Mais de trezentas pessoas se mobilizaram para realizar essa tarefa".[111] Renovaram, à sua maneira, o sonho do grande naturalista Alexander von Humboldt,[112] que no início do século XIX fez o inventário preciso de milhares de plantas e insetos, descritos um a um em sua singularidade, povoando assim o mundo humano com seres que não eram humanos. Sem buscar uma impossível medição exata do mundo, eles reviveram, à sua maneira, o desejo de pintar um "retrato do mundo em suas superfícies",[113] extinto num século XX que pretendia limpá-las.

Esses passos surgem de uma nova perspectiva e de uma preocupação em cuidar de você, em cuidar de nós. Os inventários de Notre-Dame-des-Landes, elaborados com extrema precisão, foram uma negação contundente das avaliações reduzidas e secas apresentadas pela empresa Vinci e pelo Estado. Ao descreverem as espécies não listadas e ignoradas pelos promotores do projeto, esses naturalistas restauraram a riqueza e a complexidade frágil desse território, a singularidade desse ambiente, hoje um dos mais conhecidos na França. Um conhecimento compartilhado pelas centenas de habitantes locais. Muito mais que uma experiência, é um caminho a percorrer a pé. A proteger também. É um movimento profundo, um retorno do sentido, que cruza as interrogações de muitos cientistas inquietos.[114]

Você pode ver que algo está sendo tramado para destituir as forças que te destroem e instituir comunidades nas quais cada ser singular conta. Esse "algo" é baseado em tua extraordinária complexidade, em nossos vínculos. Esses vínculos desafiam os valores da competição e da predação. São tecidos a partir da cooperação entre as espécies, da associação, da atenção e da solidariedade.[115] Não é pouca coisa. O lugar exclusivo dado à competição natural, à luta pela vida de todos contra todos e a visão das sociedades em estado de guerra permanente permitiram tua apropriação e deram ao Estado central, depositário da paz social e do monopólio da violência legítima, um poder concentrado e vertical. Não surpreende o fato de atualmente serem os Estados mais autoritários e fascistas que, enterrando a cooperação e a ajuda mútua, vão à guerra contra você de maneira mais aberta e descarada.

Você nos ensina a interdependência e a solidariedade. Colocar a concorrência de volta em seu lugar é desafiar a legitimidade das desigualdades competitivas entre os seres humanos. Também é não ter mais que te negar e te controlar para obter liberdade. A cooperação, a horizontalidade, os alicerces, nós queremos tudo isso, tudo isso que vivenciamos nos laços complexos que nos unem e nos libertam da lei dos mais fortes. As áreas liberadas, sociais, físicas e mentais, são nossos pontos de apoio para outros futuros.

Você reconquistou um lugar no palco. Vejo como indicação disso o interesse pelas florestas, árvores, plantas. Isso não é suficiente, contudo, porque você sofre desmatamento e a química esteriliza teus solos. Quando esse interesse se torna resistência coletiva, desobediência, ele abre territórios desconhecidos.

Recentemente, eu soube da existência, na Alemanha, de uma floresta, a floresta Hambach, que data de um período anterior à tua última glaciação. Isso é tão raro na Europa. Ativistas deram-lhe essa visibilidade ao ocuparem as árvores para protestar contra a expansão de uma mina de linhito. Depois de serem desalojados violentamente, acabaram obtendo, também por meio de procedimentos legais, uma moratória de pelo menos dois anos. Essa floresta é povoada por espécies protegidas, pica-paus, morcegos-de-orelhas-de-rato, o arganaz castanho, o morcego-de-nathusius, as rãs *Rana dalmatina* e *Bombina variegata* e muitos outros. A "biodiversidade" se revela subitamente concreta, sonora, colorida, tem nomes encantadores. Os povos da floresta são nossos aliados. A floresta os protege e nos protege.[116] Com a condição também de saber como nos retirarmos, de deixá-la crescer, talvez você acrescentasse. "A natureza gosta de se esconder", escrevia Heráclito.[117]

Diante do insuportável, surgem resistências espontâneas em todos os lugares. Os ativistas de Hambach reproduzem, sem talvez conhecê-los, os gestos do movimento Chipko, nascido na Índia na década de 1970, para se opor ao desmatamento no vale Alakananda, no estado de Uttarakhand. As mulheres da aldeia se juntaram à floresta, abraçando as árvores, estreitando-as para evitar o corte. Essa ação não-violenta, então estendida a várias regiões da Índia, ainda inspira resistência ao massacre das florestas.

Devemos a Vandana Shiva, uma das porta-vozes desse movimento, o conhecimento de uma experiência que não está extinta.[118] Regressando de uma recente viagem à Tailândia, um amigo me deu uma fotografia de árvores cercadas pelo lenço cor de açafrão dos budistas, consagradas pelos monges da floresta a fim de impedir seu abate. Nessas partes do mundo, a floresta continua sendo a fonte de regeneração material, intelectual e espiritual.

Escolhi esses exemplos entre muitos outros porque essas resistências, que te reconhecem viva e misteriosa, foram frequentemente tratadas, com toda condescendência colonial e racional, como um folclore indígena, uma sobrevivência de tempos que não são mais os nossos e nem deveriam ser. Quando pareciam pertencer a mundos que corriam o risco de desaparecer, levados pelo Progresso, surgem novamente no coração do sistema mundial: "Os povos-raiz estão na reserva. Não estão no final da história. Não, eles estão na reserva para abrirem os caminhos e nos protegerem de nossas loucuras, lembrando as leis eternas".[119] Os povos autóctones não são remanescentes de um passado congelado, estacionados nos acampamentos e objeto de estudo para etnologistas, eles dão simplesmente alguns conselhos sábios. Souberam, de fato, apesar do desastre da imposição de um mundo único pelo Ocidente, preservar mundos contendo sementes de um futuro para todos.

Devemos às comunidades indígenas a visibilidade da luta contra oleodutos dedicados ao transporte de petróleo de Alberta para os Estados Unidos ou ao transporte de gás de xisto do estado de Dakota.[120] A tribo sioux armou um protesto em Standing Rock e bloqueou a construção do oleoduto Dakota Access, apoiada por centenas de comunidades nativas americanas e outras comunidades de todo o mundo. Tinham obtido do presidente Obama a suspensão da construção, cancelada, desde sua posse, pelo presidente Trump, cuja resposta foi o envio de veículos blindados para restaurar o império petroleiro.

você inverte a ordem temporal

Os poderosos prometem um futuro: você o desqualificou, ele não pode vir a acontecer. É nas margens da modernidade industrial, aquelas que são ao primeiras a vivenciarem colapsos, que os futuros se preparam. É uma inversão temporal de envergadura. As margens já foram consideradas remanescentes de um passado pré-industrial, enquanto que agora prenunciam os futuros emergentes.

Comunidades de experiências surgem daí. Você às vezes parece ausente, ignorada, pois as restrições da sobrevivência são muito pesadas. Isso não é, contudo, um preconceito tenaz? Na verdade, essas comunidades são confrontadas diariamente com a materialidade da vida, em lugares muitas vezes desolados e feios, mas lugares terrestres. Também sofrem com a arrogância dos extraterrestres destilando a vergonha de não ser nada quando não se tem mais nada.

"Quando o homem é privado da base que lhe fornece tudo, sua pobreza perde a mais bela virtude, a simplicidade, passando a ser apenas vergonhosa e sórdida", escreveu Rabindranath Tagore.[121] Queremos ver essa virtude crescer. Os grafites pintados nos muros de Paris durante o movimento dos "coletes amarelos" em 2018 estão cheios dessa aspiração pela dignidade: "Queremos deixar seu dinheiro em paz, só queremos todo o restante". Na verdade, também seria necessário fazer uma classificação muito seletiva no restante para não se deixar poluir pela falta de simplicidade. Talvez não sobre muito de um espólio envenenado por sonhos de grandeza predatória.

Estamos vivendo o fim de um tempo, de um mundo. Talvez, como ensina a sabedoria taoísta, entre os fortes e os fracos ao fim os fracos saiam vitoriosos. Ainda assim é necessário que haja algo a levar da vitória.

Essa inversão traz o ruído uniforme e ameaçador das botas militares marchando por toda parte. Mas o rumor que surge é diverso e polifônico. Ocorre sem um regente. Enche-nos de uma alegria que eu gostaria de poder escrever com a linguagem de Saint-Exupéry: "Pequenos detritos transportados para as praias mostram que um ciclone está furioso no mar. [...] O que me enche de uma alegria bárbara é ter entendido algo de imediato numa língua secreta, é ter farejado um vestígio como um primitivo em que todo o futuro é anunciado por fracos rumores, é ter lido essa cólera no bater das asas de uma libélula".[122]

você é a
nossa memória

Eu disse a mim mesmo, então, que o apaziguamento ao qual aspiramos passava pelo exame retrospectivo, distante e esclarecido dos fundamentos físicos do começo [...]. Lembro-me então da impaciência que me inspiravam, por fim, os trabalhos acadêmicos com os quais eu estava ocupado, o desejo galopante de voltar a questionar o solo do começo com a esperança, agora, de obter a resposta.

PIERRE BERGOUNIOUX[123]

A sensação de viver num tempo pulverizado pela "grande aceleração" me inspira o retorno à tua memória, ou melhor, ao desvio através da tua memória. Não veja aqui uma mania memorialista, apenas um apetite pela história e também pela pré-história, pela paleontologia. Compartilho isso com muitos de meus contemporâneos e adivinho aqui uma inquietude de humanos desenraizados, privados de continuidade, oprimidos pelo imediatismo.

Essa busca das origens é também a da possibilidade de um futuro, mesmo que frágil e incerto, mesmo que ameaçado por um fim que não pode mais ser encarado em larga escala geológica, mas somente em pequena escala histórica. Jamais, é certo, nossa história fabricou tanto a história por vir. Nossa poluição decide a vida futura e seus climas. Mas até que ponto?

a linguagem das pedras

Você foi expulsa da nossa grande história longamente, pois tuas escalas de tempo são desmedidas em comparação às nossas. É você, no entanto, quem conserva nossas respectivas histórias; tuas camadas geológicas, teus desertos de areia e gelo, tua lama, tudo isso são arquivos insubstituíveis e misteriosos, coleções certamente muito raras, feitas ao acaso e em intervalos irregulares.

Você é muito mais porque nossas histórias vivas, nossas pequenas histórias, estão ligadas a você: "Ele é importante, o solo que nos mantém na história e evita que caiamos no esquecimento de nós mesmos".[124] Deste solo, experimentamos uma duração que nos ultrapassa, que nos cura de um tempo fechado, de uma história destinada a se reproduzir infinitamente. O tempo está inscrito aí, na superfície e nas profundezas. Ele é uma trama de tempos concretos, sedimentados, rugosos, singulares, de aluviões depositados no passado, em vez do tempo abstrato, invariável e universal dos relógios.

Teus solos conservam os traços misturados de tua história, de teus sobressaltos e continuidades. Também encontramos ali os que foram deixados por quem nos precedeu. Você é o que temos em comum com as gerações passadas e futuras; permite a continuidade e a materialidade desses elos. Explorar as paisagens e os lugares físicos onde ocorreram eventos significativos em nossas histórias políticas, filosóficas e artísticas, onde foram vividos momentos de nossas histórias pessoais, tudo isso é um convite à preocupação com o mundo.

Tua geologia fascinou os primeiros poetas românticos – penso em particular em Novalis. Ele foi diretor das minas de sal de Weissenfels, no Ducado da Saxônia, e andava lado a lado diariamente com os mineiros. Via neles, aproximando-se da realidade nas profundezas do solo, "astrólogos ao reverso" para quem "a terra é o monumento que testemunha a aurora dos tempos".[125] Astrólogos ao reverso. Sua paixão pelos subsolos, pela mineralogia e pela geologia, para além de sua dimensão augural, também era um contra-ataque ao frenesi da extração mineira que se anunciava e à violação desse universo subterrâneo. Ele estava animado por uma "mineralogia visionária", escreveu André Breton, que escavou ele próprio as margens do Lot e viu, nas gemas e ágatas desenterradas durante suas peregrinações, as formas concretas do tempo. Esses achados preciosos se inscreviam numa busca das origens.[126]

Enquanto passeava numa livraria, descobri recentemente uma coleção de textos de Annie Dillard, escritora naturalista estadunidense, *Ensinar uma pedra a falar*.[127] Reconheci ali, desde a leitura das primeiras linhas, o sentimento de adequação que experimentamos ao ler um livro na hora certa. Mais do que um convite para aprendermos a nos dirigir às pedras, encontrei uma ética, um chamado para nos retirarmos e darmos espaço às coisas, para experimentarmos sua calma e passarmos a escutá-las, para perpetuarmos a troca simbólica entre elas e nós. Jean Malaurie experimentou essa inteligência da matéria viajando com os inuítes através das paisagens pedregosas de Inglefield, nas vastidões do norte: "A pedra fala, ela é uma memória de energia".[128]

Escrever para você me coloca em boa companhia, humana e não humana. Com a de Roger Caillois também. Ele compartilhou com Jean Malaurie o fascínio pelo simbolismo dos marcos de pedras, esses montículos evocando a silhueta de humanos em pé, que povoam o universo ártico com presenças antigas e referências para os deslocamentos. Ele falou em termos perturbadores de sua coleção de pedras vindas do mundo inteiro: "Elas são do começo do planeta, às vezes vindas de outra estrela. Então carregam consigo a torção do espaço como o estigma de sua terrível queda. Datam de antes do homem; e o homem, quando veio, não as marcou com a estampa de sua arte ou de sua indústria. Ele não as manufaturou, destinando-as a algum uso trivial, luxuoso ou histórico. Só o que elas perpetuam é sua própria memória".[129]

Mais de meio século se passou desde esses escritos. A fúria de escavar a matéria, de conquistá-la, deixa uma marca hedionda nas pedras, na rocha-mãe. Ameaça tua memória e extingue a linguagem das pedras.

Também me encanto com as crianças que varrem as praias em busca de conchas. Colando-as aos ouvidos, ouvem o mar. Não é essa uma interrogação sobre sua origem? Elas frequentemente se tornam, ainda pequenas, colecionadoras de rochas e fósseis, de minerais que trazem histórias, distintas e longínquas. Se as escalas de tempo, por serem muito abstratas, permanecem estranhas para essas crianças, elas têm assim a experiência concreta do tempo longo, da duração, de um outro lugar, de uma alteridade. Que sejam assim protegidas do desastre da abolição da duração no tempo contraído, o tempo real da comunicação instantânea, do imediatismo e da ubiquidade. A escola também deveria aterrar. É igualmente atormentada pela doença de estar longe do solo. Crianças e jovens não descobrem mais verdadeiramente "as ciências da Terra", substituídas pela biologia das funções e a genética, nem a geografia inspirada em Élisée Reclus comemorando "o acordo dos homens e da Terra". O que você diria das escolas da Terra? Acredito que já existam alguns esboços.

Você abriga as marcas geológicas de quatro bilhões e meio de anos da tua história e da nossa, desde o avanço do *Homo sapiens*, cerca de duzentos mil anos atrás. Preserva os traços dos grandes tremores que te deram forma. Saber que a Antártida encerra em seus desertos de gelo os restos de meteoritos que te atingiram e construíram é perturbador. A presença deles é uma injunção a fazer tudo para que esse continente permaneça inacessível por muito tempo aos grandes predadores humanos, aqueles que só compreendem da tua história as toneladas de minerais a extrair e vender. O Saara e a Sibéria também são ricos desses fragmentos primitivos. A presença deles, distante e invisível, aumenta nosso imaginário e nosso apego ao teu solo. Nossa tristeza é profunda ao saber que o Oceano Ártico perdeu 95% do gelo mais antigo em muito pouco tempo, um passado perdido e liquefeito.

teus arquivos inibem nossos preconceitos

Este tempo concreto e materializado convida a uma meditação sobre o teu futuro e o nosso. É também o que nos dizem as pesquisas científicas. Elas se aceleram, para melhor e para pior.

Para pior quando os seres humanos te examinam e exploram os mistérios da matéria para se apropriarem deles; quando esses conhecimentos, que perfuram teus segredos, são entregues às múltiplas infraestruturas industriais e energéticas que nos oprimem e tornam nossa presença mais pesada. A pressão é tão forte que o chão às vezes parece deslizar sob nossos pés, desmoronar. Não é de surpreender que o peso de nossas infraestruturas seja estimado em trinta trilhões de toneladas, mais de sete vezes a massa estimada da biosfera.[130] Nessas condições, como pode se regenerar a fina camada de vida em teu solo, essas poucas dezenas de centímetros que abrigam bactérias, fungos e microrganismos? É um milagre que você ainda nos sustente. Isso não impede que certos magos da economia falem de uma economia imaterial ou desmaterializada!

Para pior também quando essas pesquisas desvalorizam a experiência direta, as intuições, a ponto de confiarem inteiramente na ciência para encontrar as "soluções", ou mesmo "a" solução.

Para melhor quando elas te tornam guia, dando a mão para enfrentar a vertigem experimentada antes da magnitude dos transtornos que virão. Tuas bibliotecas vivas revelam a história passada e presente de rochas, minerais, oceanos, desertos, da atmosfera e da vida, da coevolução dos seres humanos e outros seres vivos. Ao cruzar tua história biológica e tua história geológica,[131] elas poderiam até falar da coevolução do vivo e do inerte. Tua forma, tão particular e única no sistema solar, se não em todo o cosmos, seria o fruto desse entrelaçamento. Esses conhecimentos estão de acordo com uma premonição contida na sabedoria de certos povos originários, aqueles que, por meio de seus ritos, tinham a sutil intuição "de que a consciência humana insuflava vida na própria Terra".[132] Sem os povos para manter a criação permanente do mundo, para cuidar dele, você ficaria murcha, pensavam os aborígenes. Basicamente, você não seria mais a Terra, mas um planeta entre outros no sistema solar.

Também ocorre que às vezes extraíamos tua rocha sedimentar, não para retirar gás de xisto ou outras matérias, mas para ler ali os arquivos das variações climáticas. As amostras revelam que, cinquenta e seis milhões de anos atrás, durante a passagem do Paleoceno ao Eoceno, ocorreu um aquecimento repentino, levando à um máximo térmico. Vários milhares de espécies desapareceram. Foi a mudança de temperatura mais rápida da tua história conhecida. Ela nos oferece lições valiosas, nós que temos que enfrentar uma alteração do clima em tempo muito curto.

Um grupo de pesquisadores liderado pelo geólogo Lee Kump, da Universidade da Pensilvânia, conseguiu estudar rochas perfuradas na Noruega em 2008. Elas refazem completamente o intervalo de tempo durante o qual esse aumento de temperatura ocorreu: "A má notícia é que esse máximo térmico – que foi analisado por mais de dez anos como a mais rápida perturbação climática da história da Terra – foi desencadeado por mudanças atmosféricas inferiores a um décimo da intensidade do que está acontecendo hoje".[133] Isso confirma o que pressentimos, o que vemos a olho nu com o derretimento das geleiras mais familiares, o que descobrimos todos os dias.

Também para melhor quando te exploramos para entender as origens e o lugar do *Homo sapiens* na história humana. Não conhecemos com exatidão toda a diversidade da linhagem humana, mas sabemos que a dos hominídeos estava presente na África há muito tempo. Você conservou por quase três milhões e meio de anos o esqueleto praticamente completo de uma menina de três anos de idade, Selam, da linhagem dos *Australopithecus afarensis*, encontrada em 2002 no deserto etíope de Afar, em Dikika, muito próximo ao da célebre Lucy. O arenito ao redor dos ossos e o estudo dos pólens fossilizados dão acesso ao conhecimento da tua vegetação e do clima da época.

Você também nos ensina que, entre as diferentes espécies de homens que coabitavam durante milênios, há quase quarenta mil anos só existe o *Homo sapiens*, que deixou a África 120 mil anos atrás: "Desde o final da última glaciação, nossa espécie se encontra sozinha na Terra e em toda a Terra".[134] Desse passado, entendo que herdamos uma baixa diversidade genética e, portanto, uma fragilidade ainda maior. No entanto, ele foi glorificado como prova da absoluta superioridade de nossa espécie, que teria alcançado o ápice da evolução.

Você desmente as crenças numa hierarquia entre as espécies e as populações humanas, bem como a visão de um *Homo sapiens* superior a todos os hominídeos, naturalmente predador e colonizador. Confronta-nos com uma alteridade múltipla. Os traços preservados dos neandertais, essas populações autóctones da Europa por muito tempo consideradas o "elo perdido" entre os homens e o macaco, varrem na verdade muitos preconceitos acerca deles. Invalidam essas hipóteses e mostram, ao contrário, a coexistência dos neandertais e do *Homo sapiens*. Primeiro no Oriente Médio, onde grupos de neandertais, que haviam deixado a Europa sessenta mil anos antes, existiram lado a lado com o *Homo sapiens* da África, e mais tarde na própria Europa. Sua mestiçagem é a origem de nossos genes neandertais. O suficiente para fazer tremer os adeptos da pureza das raças.

Teus arquivos não apenas nos fornecem uma história biológica, mas também preservaram os restos de uma civilização neandertal, esculturas, flautas, necrópoles. A caverna de Bruniquel, no sudoeste da França, abriga o testemunho de rituais ainda misteriosos, praticados 170 mil anos atrás, muito antes da chegada do *Homo sapiens*. Se, portanto, os neandertais desapareceram da Europa na época dos assentamentos do *Homo sapiens*, isso não foi uma grande substituição, passando do simples para o complexo, como gostamos de pensar. Ainda mais porque a ausência, até o momento, de testemunhos de guerra desse período – na forma de valas comuns, por exemplo –, elimina a hipótese de extermínio.

Em escalas de tempo mais próximas, você nos permite ler nas paredes subterrâneas os traços deixados por nossos ancestrais pré-históricos. Trata-se das obras sagradas e mágicas das cavernas de Chauvet, de Lascaux, de Altamira, os testemunhos em ocre, vermelho e preto do mundo deles, dos animais que veneravam, de suas ferramentas, de seus mundos interiores. Se as florestas e os amplos espaços abertos do Novo Mundo inspiraram a experiência metafísica da confrontação do selvagem, da *wilderness*, os europeus herdaram cavernas onde podem viver lado a lado com essas forças primordiais e lavar a alma. Eles também podem se livrar, ali, das imagens progressivas de humanos pré-históricos, quase privados de espírito e essencialmente ocupados em garantir sua sobrevivência biológica.

Ao ler tuas paredes e pedras, deveríamos abandonar a crença numa "melhoria" medida pela quantidade de coisas fabricadas. Essa promessa da sociedade industrial e da cultura ocidental justificou a classificação de sociedades e povos, da barbárie para os mais "selvagens" à civilização e, mais tarde, depois da Segunda Guerra Mundial, das sociedades subdesenvolvidas às desenvolvidas. Essa hierarquia já estava expressa na classificação proposta por Lineu em 1758: todos os seres humanos certamente pertenceriam a uma única espécie, o *Homo sapiens*, dividida contudo em seis subespécies, quatro correspondendo aos continentes da América, Ásia, África, Europa e mais duas, *Homo ferus*, o homem selvagem, e *Homo monstrosus*. Foram classificados nessas últimas categorias os povos estranhos e "primitivos" aos olhos dos europeus.

Ironicamente, pode ser que, para enfrentar os perigos que temos pela frente, tenhamos de recorrer à alteridade desses povos terrestres. Suas culturas escaparam amplamente das miragens do progresso tecnoindustrial, da paixão extrativista; eles souberam viver em condições materiais frequentemente rudes e precárias. Mostram-nos um caminho.

a guerra geológica

Você nunca foi tão racionalmente desventrada, esgarçada e remexida como nos últimos tempos. Falemos da areia, tão frequentemente esquecida: "Cinquenta bilhões de toneladas de areia e cascalho são consumidas a cada ano em todo o mundo. Isso é equivalente a um muro de 35 metros de altura por 35 metros de largura ao longo do equador".[135] Tudo isso para o concreto. Ou para as ilhas artificiais de Dubai. À medida que a areia se torna escassa, as máfias proliferam. Após vários anos de lutas, o "Povo das dunas em Trégor",[136] na baía de Lannion, na Bretanha, cancelou em 2018 um projeto de extração que ameaçava a pesca e o litoral. Tua erosão natural empalidece ao lado dessa obstinação em deslocar o teu solo.

Esses ataques sacrílegos são atentados contra a duração, contra o tempo cristalizado, o tempo sólido da tua memória. As fundações do solo e a fina camada de terra nutritiva que te envolvem são violentamente penetradas, fraturadas e revolvidas. Tuas entranhas são remexidas, cada vez mais fundo, na terra e nas profundezas do mar, para extrair os tesouros enterrados pelo tempo. Tua matéria orgânica, num lento movimento de aterro, transformou-se em hidrocarbonetos, gás, minérios, metais raros. A rocha mãe, como estranhamente ainda te chamamos, agora é forçada a liberar óleos ou gases presos na matéria. Um ganho para o nosso "bem-estar", carros, usinas de carvão, discos rígidos, plásticos, *big data*, telas. Não é uma loucura assassina sacrificar a vida para "viver melhor" e "viver mais"?

O que você acumulou durante milhões de anos faz apenas alguns séculos que os humanos começaram a extrair. Equipados com meios técnicos cada vez mais pesados e sofisticados, agora o fazem com intensidade e em escalas que nos permitem falar de uma guerra geológica total.

Vencer a matéria e promover a imagem de um mundo sem aspereza, sem resistência, líquido, gasoso, condenado inteiramente à velocidade e à aceleração, esse é o projeto do capitalismo. Ele não pode mais sobreviver exceto destruindo, abolindo a duração e impondo o tempo contabilizado do presente imediato, de um hoje infinitamente reprodutível. Você passou por um ritmo frenético de injeções de produtos químicos, explosões, pressões, fraturas, penetrações. O suficiente para fantasiar um mundo de virilismo em busca da identidade perdida. Escavadeiras, brocas e outras arquiteturas maquinais monstruosas testemunham a fúria do apetite econômico e também o delírio da onipotência. O capitalismo sustentável e o desenvolvimento sustentável são oximoros assassinos. Como sugere ironicamente Serge Latouche, tomara que não se sustentem por muito tempo![137] Provavelmente já se sustentaram demais.

Você ainda está sob outros ataques, menos agressivos em aparência e no entanto igualmente devastadores.

Já te falei sobre os fragmentos de meteoritos encontrados em teu solo. A maioria dessas pedras alienígenas vem do cinturão de asteroides entre Marte e Júpiter, ou diretamente da Lua ou de Marte. Esses tesouros de história condensada não são mais deixados ao acaso, como foram durante muito tempo. Na ausência de um tratado internacional que regule sua apropriação, cada Estado estabelece sua própria legislação. A da França ou do Marrocos, por exemplo, torna esses pedaços de meteoritos "coisas sem mestre", *res nullius*, diriam os romanos e, portanto, coisas que podem ser apropriadas. A da Índia ou da Austrália atribui ao Estado a tarefa exclusiva de conservar essas peças. De qualquer forma, com a explosão das fronteiras comerciais, um mercado informal e mafioso para esses restos de meteoritos se alimenta da corrida desse ouro caído do céu.

É o prelúdio de outro mercado emergente, esse bastante formal e de outra dimensão: o mercado dos corpos celestes. O presidente Obama iniciou a dança ratificando em 2015 a *Space Act*, permitindo que empresas privadas americanas perfurassem asteroides ricos em minerais, gás, água: "Um cidadão dos Estados Unidos, envolvido na recuperação comercial de um recurso num asteroide ou no espaço, terá direito a todos os recursos obtidos, incluindo o direito de manter, possuir, transportar, usar e vender o recurso de acordo com a legislação aplicável, incluindo obrigações internacionais dos Estados Unidos", estipula o *Space Act*.[138] Desde o Tratado Espacial de 1967, o espaço sideral, incluindo a Lua e outros corpos celestes, não poderia ser "objeto de apropriação nacional por proclamação de soberania, nem por via de uso ou ocupação, ou por qualquer outro meio". Este artigo 2 do tratado está agora obsoleto.

Os Emirados Árabes Unidos seguiram o exemplo em 2016, com a adoção de um texto destinado a antecipar o fim dos combustíveis fósseis; foram sucedidos em 2017 por Luxemburgo. O Grão-Ducado agora pode conceder licenças de extração no espaço e assim atrair subsidiárias de empresas de mineração estadunidenses, seduzidas pelas vantagens fiscais desse paraíso acima do solo. As empresas capazes de enviar naves espaciais – como a SpaceX, com seu lançador Falcon Heavy – serão donas dos recursos extraídos. Em janeiro de 2019, a expedição chinesa ao lado oposto da Lua e o pouso do robô "Coelho de Jade" não têm nada de caminhada poética. Parece mais um episódio extra de um *Star Wars* verdadeiro.

Veja, os mestres de nosso tempo estão na maioria das vezes em outros lugares, indiferentes ao meio em que vivem. Como se a vida terrena fosse agora "um produto da síntese",[139] sem passado e com um futuro sintético. Não surpreende encontrar nessa captura de corpos celestes Sir Richard Branson, da Virgin, Larry Page, da Google, ou ainda Elon Musk, fundador da SpaceX e inspirador, ao que parece, do roteiro de *Blade Runner 2049*.

Eu sei, porém, que você é perigosa. Numa época em que, no Vale do Silício, a campanha do exílio das condições terrestres está em pleno andamento, a Califórnia, devorada por incêndios em dimensões apocalípticas, é, nesses momentos, devolvida às eras em que os humanos não controlavam o fogo. Seria um presságio? Retiro daqui a certeza de que nos resta abandonar rapidamente as guerras geológicas, químicas, biológicas e climáticas, antes que seja tarde demais. Entregar as armas e nos tornarmos os *hackers* desse não-mundo.

resíduos em lugar de ruínas do tempo

Dessa guerra global, já restam como memória inúmeros resíduos, reciclados ou não. Circularão por muito tempo em tuas camadas geológicas.

Você está contaminada. "Contaminações" é o título dado pelo fotógrafo Samuel Bollendorff a uma foto-reportagem realizada em tuas áreas envenenadas. O contraste entre a beleza aparente desses lugares e seu envenenamento invisível é aterrorizante. Assim, numa Campânia bucólica e acolhedora, a máfia napolitana espalha há mais de vinte anos o equivalente a quatrocentos mil carretas de resíduos tóxicos, provenientes das fábricas de metais pesados do norte da Itália. Esses venenos foram espalhados em campos onde pastam silenciosamente vacas cujo leite se destina a fazer mussarela. A Terra que alimenta também mata. O lençol freático de Nápoles está infectado. Aqueles que morrem silenciosamente desses dejetos imundos não estarão aqui para testemunhar a contaminação invisível de teu solo, nosso corpo e nossa mente.

Bollendorff também viajou até Anniston, no Alabama. Essa foi uma cidade emblemática da revolução industrial, que em 1935 recebeu a maldição de sediar a produção de bifenilos policlorados (PCBs), esses derivados químicos do nitrogênio produzidos pelo complexo Monsanto. Durante quarenta anos, essa empresa jogou um total de 33 mil toneladas de resíduos desse "milagre químico" no local. Com pleno conhecimento dos fatos. Essa área próspera se tornou um inferno e Anniston, uma cidade fantasma. Os PCBs, esse veneno cancerígeno, um desregulador endócrino, ficaram invisíveis ali por um longo tempo, e a morte precipitada de muitas pessoas foi vivida como azar. Até que os moradores se permitiram falar em praça pública e registrar uma queixa, apesar das pressões e ameaças da Monsanto.[140]

Nossos tecidos e os teus estão impregnados desses poluentes químicos que resistem a degradações biológicas. *Os PCBs estão em toda parte*, poderíamos escrever, parafraseando Günther Anders e sua obra *Hiroshima está em toda parte*. Eles te colonizaram por completo. Na França, apesar da proibição da venda e aquisição desses venenos desde 1987, o rio Rhône apresentava em 2007 níveis de PCBs quarenta vezes superiores aos padrões autorizados. "Um Chernobyl francês".[141] Essas substâncias perduram, são pouco solúveis em água, concentram-se nos solos e nos sedimentos fluviais e se espalham por toda a cadeia alimentar. Só podem ser eliminadas em temperaturas muito altas, acima de 1000 °C, com o risco de difusão de dioxinas, outro veneno bem conhecido. Teus oceanos estão poluídos, mesmo em águas profundas.

Não sabemos como eliminar os venenos que produzimos e até o que não era veneno se torna. Você suporta o estigma há muito. Vivemos numa era de contaminações em massa[142] e o Antropoceno também poderia ser tua história.

Os resíduos nos degradam. Estão aqui para ficar por muito tempo. Nunca serão ruínas, essas obras do tempo misturadas às obras humanas, atravessadas por um silêncio que convida a uma meditação sonhadora, a um acordo com a fragilidade, com a impermanência da vida. Às vezes, as ruínas são adornadas pela vegetação a ponto de se fundirem com o teu trabalho: ali nos encontramos. Os resíduos, contudo, nos opõem.

Será que essas histórias humanas não te afetam? Eu não acredito nisso. Tuas camadas geológicas conterão por muito tempo traços da era atômica atual. No Novo México, um desastre nuclear está em andamento desde 2014. Ocorreu a 655 metros de profundidade, após a explosão de contêineres de lixo nuclear que liberou grandes quantidades de plutônio na instalação subterrânea. Ora, a presença no solo de partículas de plutônio, elemento radioativo resultante de atividades nucleares, é agora considerada pelos estratigráficos encarregados de estabelecer a escala de tempo geológico como precisamente um dos primeiros sinais de mudança de era geológica e entrada no Antropoceno.

Em vez de arte parietal, nossas cavernas encerram lixo envenenado. Tuas cavernas subterrâneas destinam-se a esconder todas as substâncias mortíferas com as quais não sabemos o que fazer. Uma morte invisível e enterrada, legada às gerações futuras, uma marca arqueológica essencial de nossa civilização por milênios. Cuidado com aqueles que gostariam de explorá-las! Tuas camadas geológicas profundas estão condenadas a se tornarem latas de lixo atômico. Penso em Bure, na França. A quinhentos metros de profundidade, argilas subterrâneas, ricas em memórias fósseis, são usadas para armazenar e confinar os inúmeros barris de lixo radioativo da indústria nuclear.[143] Um Chernobyl subterrâneo, recoberto. A mesma ideologia, os mesmos métodos, os mesmos resultados. Essa operação em larga escala é realizada sob o rótulo de "desenvolvimento sustentável". Ótima definição: esse lixo há de se sustentar ali, tóxico, por centenas de milhares e até milhões de anos!

Quanto mais profunda nossa pegada ecológica, mais marcamos teus arquivos com sinais muito duradouros, mais escrevemos um futuro implacável e aumentamos "as calamidades imediatas que aguardam nossos filhos".[144]

A civilização industrial deixará poucas ruínas dignas do nome – ela programou sua própria obsolescência. Dos primeiros tempos da indústria, ainda existem terrenos baldios, edifícios vazios e enferrujados, espectros de um poder perdido, da tragédia do trabalho industrial, enquanto não são higienizados e convertidos em *espaços* de lazer e cultura. A paisagem se lembra: "a revolução industrial mordeu profundamente a carne do mundo".[145] Essa era de ferro e aço te deixou ferida. Fomos, os menos jovens de nós, testemunhas de seu apogeu e agora de seu declínio.

Da era atômica, os Estados e os poderes atômicos gostariam de apagar os mais terríveis traços visíveis e a memória. Os de Hiroshima foram cobertos com hotéis e prédios modernos. Felizmente, o trabalho de Kenzaburo Oe ainda está aí para restaurar o significado universal desse evento e as vozes dos sobreviventes.[146] Os da usina de Chernobyl estão cobertos com uma proteção de aço, enquanto na "zona" os restos de cidades e vilarejos são tomados pela vegetação e deixados num abandono que não poderá testemunhar o desastre por muito tempo. Novamente, a lei do silêncio burocrático foi violada pelos relatos recolhidos meticulosamente por Svetlana Alexievitch. A jornalista e escritora bielorrussa imortalizou-os numa obra literária.[147] Desde então, a arte da negação encontrou outras formas mais "liberais". Em Fukushima, a invisibilidade não é mais imposta de maneira autoritária, ela se confunde com a encenação de uma normalidade encontrada após o *acidente* num mundo experimental pós-desastre nuclear.[148] Se os mortos de Fukushima não são mais mortos, mas sim lixo nuclear, como Michaël Ferrier escreve em seu desconcertante relato do desastre,[149] os sobreviventes radioativos são resíduos reciclados.

Esses traços escritos, relatos, pesquisas, inventários, obras literárias, tudo isso é também nossa geologia, assim como o que se transmite pelas tradições orais. Salvos das águas para que o arco que nos segura não seja um sarcófago.

Tudo isso abre fissuras nas paredes do silêncio. As canções de ninar da negação não fazem mais dormir nossos filhos, tomados por pesadelos. As gerações futuras, cuja evocação abstrata nas últimas décadas atrasou principalmente as decisões a serem tomadas de imediato, já estão por aqui. Elas questionam. Exigem atitudes. Você é celebrada em suas marchas. Florestas, lagos, montanhas, turfeiras, oceano, blocos de gelo, pântanos, animais, insetos, plantas, ar, subsolo e terra marcham com elas.

alianças que nos unem

A era das mudanças climáticas tornou audível uma nova voz crítica, não humana.

AMITAV GHOSH[150]

Você nos projeta em tempos incomuns. Reage violentamente; a contestação radical deste mundo também se deve às tuas leis e à tua fúria, à tua tenacidade, à tua ironia, tanto quanto à nossa revolta. Há também momentos de admiração que dão uma ideia do que valorizamos.

Você é nossa aliada, como escrevi no início desta correspondência. Você pode ter ficado surpresa com uma declaração tão unilateral. Então já é hora de eu me explicar.

o próximo colapso

Levei um tempo para falar em colapso. Recusava a palavra, não a constatação.[151] Temia, acima de tudo, reforçar a expectativa de uma inevitável Grande Noite, de que o capitalismo finalmente chegasse à fase terminal anunciada por tanto tempo, ou então o fatalismo desmobilizador do "já é tarde demais". Outros não compartilhavam desses medos, e eles estavam certos.[152] Eu ainda não tinha aterrado completamente. Você está exausta e este mundo entra em colapso diante dos nossos olhos.

O choque do caos climático me iluminou. Para designar o que está acontecendo conosco, eu não podia mais falar de uma crise, ainda que estrutural e sistêmica. E menos ainda de saída da crise. Como se o mundo seguinte pudesse ser o simples prolongamento do mundo anterior, livre de suas doenças e excessos. A crítica da crença econômica num tempo linear, ordeiro e reversível, tantas vezes escrita, lida e repetida, eu a tinha concretamente diante de meus olhos.

Uma vez percorrido esse caminho, como podemos falar da catástrofe quando o pensamento catastrófico foi relegado às margens, tido como arcaísmo num mundo prometido ao progresso moderno? Como exprimir que o capitalismo, em todas as suas formas e nuances, depois de instituir o domínio do mundo da economia, produz catástrofes não mais imaginárias mas reais e irreversíveis, das quais ainda se alimenta?

Trata-se sem dúvida de colapsos. Não o "grande colapso", um sublime *big bang* final, nem um conto de ficção científica de um outro tempo e uma outra dimensão, nem as cenas hollywoodianas do fim do mundo, acessíveis das confortáveis poltronas de cinemas de alta tecnologia, mas desastres terrestres de larga escala, vividos e experimentados localmente e de maneira íntima, específicos e de dimensão universal. Eles são diversos e, nesta troca epistolar, detenho-me naqueles que dizem respeito mais particularmente à nossa história comum. Coloco-os no plural.

Você nos acorda de um grande sono de corpos e espíritos. As palavras são finalmente colocadas nas ameaças, visíveis ou invisíveis. Voluntariamente ou à força, você nos faz aterrar e provar tua presença. Para designar esses tempos terrestres, palavras são trocadas, procuradas e escritas. Fim de um mundo, fim do mundo, colapso, desmoronamento, catástrofes, efeito estufa descontrolado, extinção do vivo, tantas expressões tecendo pedaços de histórias inimagináveis e acima de tudo inaudíveis alguns anos atrás. A humanidade não é mais um pressuposto, nem a vida terrena. Terá finalmente sido eliminado o tabu da grande marcha histórica do progresso? O despertar é doloroso e salutar.

Tuas reações brutais criam uma continuidade de experiências múltiplas, ausentes de colapsos passados, como o da Ilha de Páscoa, por exemplo. Os grandes incêndios do verão de 2018 afetaram ao mesmo tempo a Suécia, Portugal, a Grécia, a Califórnia, a Austrália; as inundações do verão de 2017 em Miami, Bombaim, nas Ilhas Sundarbans ou em Bangladesh vêm das mesmas águas, ainda que os meios para lidar com elas não sejam em nada comparáveis; a radioatividade de Fukushima está se espalhando no oceano planetário; populações deslocadas atravessam fronteiras aos milhões.

O envenenamento da vida não está mais confinado a lugares particulares e herméticos, a lugares malditos. É um evento cotidiano universal, amplificado pela corrida louca e enlouquecedora do capitalismo global.

Teu tempo geológico está como que absorvido pelo tempo histórico. Em muito pouco tempo, diante de nossos olhos, tua geografia, cujas principais características foram traçadas na escala de milhares de anos, é transfigurada. O derretimento meteórico dos blocos de gelo no extremo norte permitiu a abertura de novas rotas marítimas e a perfuração de subsolos antes inacessíveis. A geopolítica do século passado explode. Estados e empresas saltam sobre esse inesperado lucro. Diante dos choques aguardados e para garantir a domesticação dos povos por meio das promessas de crescimento, os Estados estão livres de regulamentações e concedem às empresas direitos criminosos de exploração, que por sua vez ampliam as catástrofes. Elas aceleram os ciclos de retroalimentação que os climatologistas temem tanto.

Você está abalada, mas teu eixo continua no lugar. Quanto a nós, estamos desorientados, fora do eixo. Uma aceleração assim nos deixa à deriva. Numa escala de tempo humana e em poucos anos, eis-nos confrontados com eventos de intensidade desumana.

O próprio tempo histórico se retrai. Assim, tendo testemunhado uma era de ouro da civilização termoindustrial, a época dos "Gloriosos Anos Trinta" e do "desenvolvimento", ainda fonte de tanta nostalgia cega, eis-nos aqui há várias décadas no tempo de seu colapso. As bolhas que acreditávamos serem eternas estouraram, multiplicando o sofrimento social e o sentimento de abandono.

Por não termos ouvido teus alertas, estamos vivendo momentos de transição que escapam à nossa vontade e aos nossos projetos. Eles agora estão tão comprimidos no tempo que é tarde demais para esperar transições indolores. Os anos de "glória" desta civilização, que também foram os de espoliação e desenraizamento de inúmeros povos e comunidades, de tua pilhagem sem sentido, continham venenos e calamidades.[153] Sua queda foi fatal quando ela acreditou que poderia ser exportada para todos os lugares, colonizar você completamente, viver sem um exterior por dominar. Ela esbarra nos teus limites. Essa queda não é um declínio que caberia a nós desacelerar ou reverter. É uma aterrissagem esmagadora que marca o fim de um mundo de levitação.[154]

Eu te asseguro: deste mundo injusto, violento e insano não esperamos nada; suas promessas são ameaças. Nossos sonhos não são mais ofuscados pelas expectativas de um futuro brilhante ou pelo consentimento com destruições supostamente criativas. Queremos que ele pare, a fim de preservar a frágil esperança de ver outros futuros emergirem e proteger suas múltiplas sementes.

Compreendo bem a brutalidade de tais propostas. Sei, no entanto, que o sofrimento humano e social que tal imobilização deste mundo poderia causar é incomparável com o sofrimento desumano de sua busca. Sem mencionar que também poderia ser fonte de profundas alegrias. Uso como exemplo o apagão em Nova York no verão de 2003. A poluição luminosa, que mascarava o céu noturno, foi suspensa durante o período do apagão: "Podíamos ver a Via Láctea de Nova York, um reino celestial por muito tempo perdido de vista até a falta de energia que atingiu o nordeste no final da tarde [...]. A perda de energia elétrica, o desastre no sentido moderno da palavra, é um transtorno, mas o reaparecimento desses céus antigos é o seu contrário. É o céu no qual se entra a partir do inferno".[155]

Sim, a poluição luminosa é tanta que quase um terço da população mundial não vê mais a Via Láctea.[156] Os animais estão desorientados em seus movimentos e migrações. E nós, humanos, estaríamos ilesos? O colapso dos grandes sistemas técnicos e das múltiplas próteses não seria uma noite sem luz. Os vaga-lumes, que Pasolini temia que fossem extintos pelos holofotes de um totalitarismo triunfante,[157] já escaparam deste inferno. No escuro, eles demarcam novos caminhos.

O fim do mundo não é mais uma preocupação metafísica, existe realmente um fim possível de nossos mundos familiares, de nossos apegos. Segundo Günther Anders, esse fim começou com as explosões atômicas de Hiroshima e Nagasaki.[158] Era 1945, o "ano zero". Nomear as catástrofes, ouvir as vozes daqueles que as vivem, que as imaginam ou as representam é um antídoto para as perspectivas do fim dos tempos e a aniquilação do mundo: "A criatividade continua sendo a mais incontrolável das forças humanas: sem ela, o projeto da civilização seria inconcebível, e ainda assim nenhum outro aspecto de nossa vida permanece tão indomável e não domesticado. As palavras e imagens podem transformar mentes, corações e até o curso da história".[159]

as comunidades extraordinárias que surgem das catástrofes[160]

Diante das catástrofes, qualquer que seja sua magnitude, observo que não estamos destinados à imoralidade, ao cálculo egoísta, ao cinismo, à competição e à guerra de todos contra todos, ao contrário da ideologia funesta que gostaria de nos reduzir a seres racionais e calculistas, em constante busca de ganhos pessoais e prazer, sempre prontos a fugir do sofrimento e da dor. Ainda é desse pensamento, uma vez admitidas as catástrofes, que ouvimos o medo de um prazer compartilhado em destruir tudo, pilhar tudo.

Esse medo visa geralmente os mais vulneráveis, os supranumerários, desenraizados demais para experimentarem a perda e se preocuparem com o futuro. O poder de destruição deles é, contudo, reduzido; os saques em andamento são de outra dimensão. Não obstante, os preconceitos são fortes e a intoxicação, profunda. Em Nova Orleans, por exemplo, após a devastadora passagem do furacão Katrina, os jornais relataram espontaneamente a presença de "hordas de saqueadores". Tiveram então que se desculpar por espalhar esse falso boato, esse preconceito que ignoram como tal, desmentido pela solidariedade e empatia que prevaleceram entre aqueles que foram impedidos de deixar o local a tempo.[161] Este não é de forma alguma um caso isolado.

Aqueles que devem ser temidos estão em outro lugar. Separaram-se voluntariamente, acumularam imensos poderes e agora desfrutam de predações múltiplas e numa escala muito grande. Eles nos ameaçam quando se empenham em extrair e queimar combustíveis fósseis até o fim, quando correm para conquistar o Ártico, quando te saqueiam. No fundo, a destruição é a fase final da propriedade e da acumulação.

Nas catástrofes, ao contrário, depois que os momentos de desordem passam, em vez do pânico de multidões invejosas e saqueadoras surgem comunidades amigas. Não para aprender a viver em meio aos detritos do capitalismo, como os habitantes da área de Fukushima ou de outros lugares são incentivados a fazer, mas para aprender com esses naufrágios o ofício de viver, uma fragilidade, uma dependência, uma solidariedade primeira.

Escrevo isso com mais convicção do que a que compartilhei longamente com você nesta carta ao falar da "banalidade do mal". É hora de fazer justiça a uma "banalidade do bem", nas palavras de Michel Terestchenko.[162] Esse bem não tem traços de uma bondade abstrata, nem de um sacrifício heroico ou de pueril afetação em relação à bondade humana. Tem traços de uma parte selvagem e de uma atenção que, em vez de submissão, insuflam um desejo de autonomia, uma capacidade de suportar o peso da angústia, de ouvir seus sentimentos, de não ser engolido pelas circunstâncias ao enfrentá-lo. De desobedecer.

Essas foram as condutas dos Justos que vieram em auxílio dos judeus durante a Segunda Guerra Mundial, às vezes arriscando suas vidas. Hoje, esses são os atos daqueles que desobedecem para acolher refugiados sem-terra, abrigá-los, jovens que usam a greve ante a inação dos Estados e sua conivência com os poderes do dinheiro, ativistas que praticam a desobediência coletiva e formas radicais de não-violência. São também as múltiplas resistências diárias, anônimas, sem as quais as brasas das rebeliões seriam extintas.

Não desejo em absoluto celebrar a política do Bem com letras maiúsculas; ela é perversa. Não peço ajuda aos empreendedores do Bem, diria Günther Anders, aqueles que querem te salvar, nos salvar e nos fazer felizes estatisticamente. Os atos justos não podem ser delegados, eu já discuti isso com você. Diante da emergência, há grandeza e nobreza em gestos simples e resolutos, capazes de modificar radicalmente as situações.

Admiro, neste contexto, a lucidez de Hannah Arendt – da qual retivemos apenas a expressão, muitas vezes adulterada, da "banalidade do mal" – ao escrever numa carta a Gershom Sholem, em 1963, após o julgamento de Eichmann: "No momento atual, de fato penso que o mal é apenas extremo, mas nunca radical, e que não tem profundidade nem dimensão demoníaca. Pode devastar o mundo inteiro, precisamente porque prolifera como um cogumelo na superfície da terra. Somente o bem é profundo e radical".[163]

Permita-me voltar a narrar algumas outras situações que ilustram essas observações. Sinto a necessidade e o prazer de compartilhá-las porque, como muitos terrestres, às vezes tenho que atravessar a tristeza e o desespero.

A situação em Porto Rico, depois do furacão Maria em 2017, ilustra esse bem profundo. Nos primeiros dias após o cataclismo, na ausência de ajuda externa, a Casa Pueblo, um centro comunitário dedicado à ecologia, há muito considerado um reduto hippie e marginal por seus vizinhos, foi o único lugar a sair da escuridão. Seus painéis solares resistiram à tempestade. Tornou-se o epicentro dos resgates autogerenciados: "Visitar a Casa Pueblo numa recente viagem à ilha foi uma experiência bastante vertiginosa – como penetrar em outra dimensão, um Porto Rico paralelo onde tudo funcionaria e onde todo mundo transbordaria de otimismo".[164]

Assim, muitos porto-riquenhos viram em Maria uma educadora, ensinando, após a catástrofe, o que não estava funcionando e devia ser abandonado e o que poderia prefigurar um futuro: "Víamos na crise uma oportunidade de mudar", revelou o responsável pelo centro a Naomi Klein. Os efeitos felizes de forma alguma anulam o sofrimento, mas não podem ser ignorados sob o pretexto de uma catástrofe. Devem ser cultivados para evitar mais desolações e resistir ao choque da utopia imposta por aqueles que pretendem reconstruir um paraíso barato para os ricos. Uma "Portopia", imaginada nos salões de hotéis de luxo espalhafatoso e grotesco, uma utopia da catástrofe para uma ilha limpa de seus habitantes pobres, impelidos ao exílio, e livre das regras que limitam o prazer e o jogo livre dos predadores.

O furacão Maria semeou a dor, é um evento trágico que não podemos desejar nem almejar. Nem suprimir. Mas Maria também é nossa aliada. Poderíamos ficar comovidos com esse nome feminino que, depois de Katrina, seria uma nova alusão ao desencadeamento da maldade feminina, de uma madrasta que engole seus filhos. E se, ao contrário, víssemos aqui a piscadela de feiticeiras benévolas? Ou o espírito de Atenas, pedindo às Erínias, deusas vingadoras, para se transformarem nas Eumênides, protetoras da cidade de Atenas e benevolentes guardiãs da justiça? Maria destruiu o sistema elétrico centralizado e poupou os painéis solares, que podem ser facilmente substituídos ao se deteriorar; destruiu plantações intensivas que esgotam o solo e os trabalhadores agrícolas, bananas, milho, café, poupando as culturas de subsistência, os tubérculos, mandioca, taro, batata doce, inhame.[165] Expôs o absurdo do Estado e do capitalismo colonial, e a capacidade de resistência de alternativas amigáveis que os desafiam e os ultrapassam.

Continuo com teus furacões. Outro, chamado Sandy, atingiu a costa leste dos Estados Unidos em 2012 e devastou as áreas costeiras de Nova York, as de Far Rockaway e de Long Island. O caos climático não poupa parte alguma do mundo e os eventos extremos, apesar dos equipamentos caros de alta tecnologia para detectá-los, têm um alto grau de improbabilidade e imprevisibilidade. A possibilidade, a força e o potencial impacto de Sandy foram negligenciados e subestimados. Os danos humanos e materiais foram incalculáveis nessas áreas costeiras, "geridas" e muito densamente povoadas, quando deveriam ter permanecido protetoras da terra.

Como a ajuda institucional demorou muito a chegar aos lugares mais devastados, sem esperar, nos primeiros momentos após a tempestade, uma solidariedade concreta se mobilizou, principalmente com o envolvimento do movimento Occupy Sandy, herdeiro do Occupy Wall Street. Resposta artesanal e improvisada ao inferno climático, fazendo valer, em "comunidades extraordinárias que surgem de catástrofes",[166] a ajuda mútua em vez da caridade.

Essas situações extremas, escreve Rebecca Solnit, esses desastres, assemelham-se a revoluções, porque causam transtorno, improvisação e a prova entusiástica de que tudo se torna possível.[167] Não resumem todas as catástrofes. Algumas, como envenenamentos químicos ou radioatividade, são mais invisíveis e insidiosas. A violência dos materiais tóxicos é particularmente sentida por quem vive mais perto dos teus elementos, pelos habitantes mais pobres de regiões sem regulamentação, que sofrem com a poluição de empresas locais ou realocadas de países "desenvolvidos", por populações relegadas a áreas insalubres e poluídas das metrópoles ricas.[168]

Contudo, essas experiências limítrofes, que nos deixam cara a cara com forças desumanas e outras além das humanas, não são mais excepcionais.

Elas inspiraram a Arundhati Roy um romance, um livro-mundo, dedicado aos "inconsoláveis", àquelas e àqueles que reinventam vidas e felicidade em paraísos estranhos que pouco têm a ver com nossas imagens do Jardim do Éden. Após um despertar aterrorizante, os personagens desse romance singular se reúnem num cemitério, transformado numa casa que acolhe as mulheres e os homens mais vulneráveis. Eles se consolam, nunca desistem e, pela força de sua resistência, elevam o horizonte. Não podem mais contar com os velhos abutres que guardavam os mortos havia milhões de anos. Estes praticamente desapareceram, envenenados com diclofenaco, uma aspirina administrada para aumentar a produção de leite do gado cujas carcaças contaminadas os abutres limpavam: "A extinção dos velhos raptores adoráveis passou despercebida à maioria das pessoas, que olhava noutra direção. Havia tanto o que esperar dos amanhãs".[169] Outros amanhãs fabricam-se artesanalmente para os inconsoláveis.

Não quero ceder nem às certezas do otimismo nem às do pessimismo. Você nos livra de ambos. O que vem, o futuro, permanece incerto e indeterminado. Tem traços obscuros, impenetráveis, no sentido com que Virginia Woolf escreveu em 1915, em meio às matanças da Primeira Guerra Mundial: "O futuro é sombrio, o que, afinal, é a melhor coisa para um futuro".[170] Essa obscuridade, gostaríamos que fosse densa, povoada, para deixar acontecer o inesperado, o improvável, o estranho, o surpreendente. Se a mudança climática é certa, se a rápida redução de seres vivos também é certa, se uma parte do futuro já foi hipotecada por danos irreversíveis, resta uma parte do desconhecido em que reside uma esperança. Vejo simultaneamente tempos sombrios e a explosão de germes fecundos.

você desperta o nosso universo emocional[171]

Você está alterando drasticamente nossas paisagens mentais. Os ambientes de vida familiar, cuja beleza e permanência são vitais para nós, carregam os traços às vezes indeléveis de uma presença mortal. Eles nos observam. Se a crise climática tem esse eco, se saiu dos laboratórios e periódicos especializados, é porque teus novos climas, perceptíveis, são aterrorizantes. Afetam diretamente nossos corpos, nossos sentidos, nossos espíritos.

Uma onda de choque nos atravessa. Tudo era tão diferente quando olhávamos para você como um cenário eterno, um ambiente, um espaço físico a ser organizado de acordo com nossos projetos. Você nos liberta dessa arrogância. Às vezes também penso nisso ao contar histórias para crianças. Tudo é tão simples quando se trata do desaparecimento dos grandes dinossauros. Meteoritos ou explosões vulcânicas não são responsabilidade nossa. Podemos compartilhá-los serenamente à noite com elas. Como é mais difícil e laborioso falar-lhes dos ataques humanos à vida sem diminuir a confiança espontânea que têm nela. Como explicar que nas praias arenosas, invadidas por partículas de plástico, as conchas que gostam de procurar estão se tornando mais raras e infinitamente menos variadas? O Antropoceno poderia ser o momento de uma perda de inocência.

E no entanto, apesar de nossa presença generalizada, você persiste e cultiva tua alteridade. Tua parte selvagem, vital, não está apenas alojada em espaços preservados e dedicados; está em todos os lugares, visível e invisível. É ainda mais expressiva porque ilustra, não sem ironia, o fracasso de nossa luta em te fazer desaparecer ou te aclimatar. São "os dentes-de-leão que perfuram o betume, o falcão que faz seu ninho no topo da Notre-Dame",[172] é a vida sem nós ou apesar de nós.

Esses dentes-de-leão e falcões rebeldes me lembram Metis, deusa dos antigos gregos. Penso em sua inteligência intuitiva, sua astúcia, um poder de dissimulação e polimorfismo capaz de derrotar todos os tipos de forças hostis: "É essa conivência com a realidade que garante sua eficácia. Sua flexibilidade e maleabilidade dão-lhe a vitória em áreas onde não há, para o sucesso, regras prontas, receitas fixas, mas onde cada teste exige a invenção de um novo disfarce, a descoberta de uma saída (*poros*)[173] oculta". Ao ler estas palavras, ocorre-me chamar Metis para o resgate. Ela é uma ameaça à ordem instituída, uma interrupção; sua inteligência se destaca no imprevisível e no desvio inesperado das situações.

Sinto que o desafio deste mundo também se deve à tua natureza ingovernável. E à nossa, quando consentimos. Durante o inverno amarelo na França, li num grafite modesto inscrito numa rua de Paris essa dupla percepção. Desenhado na calçada, um círculo cercava algumas plantas emergindo do concreto e do aço com o simples comentário: ZAD. *Zone à defendre* ("Área a proteger"). Reconheci a inspiração rebelde de Metis, o sentido da inversão, da metamorfose, o elogio do curvo, do ambíguo, em vez do reto, rígido e inequívoco, o círculo e não a flecha do tempo. Também a reconheço no grito ouvido das zonas de resistência, uma resposta magistral aos "salvadores" do planeta:

"Não estamos defendendo a natureza, somos a natureza que se defende."

Acreditávamos que seria um declínio de nossa humanidade e um sacrifício da liberdade se admitíssemos em nossas vidas tua realidade biológica e geofísica, tua força selvagem. Aprendemos, tarde e dolorosamente, que é, ao contrário, "a experiência da necessidade",[174] o confronto com a tua matéria e a do mundo, com a tua parte radicalmente selvagem, imprevisível, que exige liberdade, flexibilidade, desvio, consentimento com a fragilidade.

Armados com tecnologia pesada e livres de crenças e conhecimentos antigos, pensamos que seríamos capazes de te enfrentar, dominar tudo, calcular, prever erupções vulcânicas, terremotos, tsunamis e outros cataclismos. Acreditamos tão piamente que construímos, às nossas custas, cidades, usinas nucleares e indústrias explosivas em lugares instáveis. As intuições primeiras, o conhecimento que precede o conhecimento, foram varridas.

Essa ignorância é mortal. Então, quando você abalou a Itália em 2009 na região sísmica de L'Aquila, os habitantes, instruídos por terrores antigos e sinais de alerta, tiveram a intuição de deixar suas casas a fim de ganhar espaços abertos e se proteger. O governo pediu que voltassem para casa, que "evitassem o pânico", que ouvissem "a razão". Muitos deles morreram na manhã seguinte, amontoados em suas casas desmoronadas após um terremoto em grande escala. Posteriormente, a condenação criminal de sete sismólogos, acusados de improbidade, coroou a renúncia do Estado e a recusa a levar a sério tua parcela de imprevisibilidade, como se a tecnociência pudesse responder a tudo. Está aí o verdadeiro pânico.

Você nos deixou sóbrios. Teus grandes bramidos atingem sociedades industriais doentes, enferrujadas, atormentadas pela promessa de um bem-estar material homogêneo e desigualdades assustadoras, misérias muitas vezes irreversíveis.

Sei que teu caos também é uma dádiva, uma "bênção" para os poderosos, os cínicos e os evangelistas de todas as denominações. Naomi Klein analisou-o com maestria há mais de dez anos. No entanto, reler as declarações deles continua sendo impressionante. Nas palavras de um repórter do *Chicago Tribune*, escritas durante o furacão Katrina: "Chego a desejar uma tempestade para Chicago – um turbilhão de fúria imprevisível, soberana e devastadora. [...] Foi o preço a pagar para pressionar o botão 'reiniciar' em Nova Orleans".[175]

Veja, esses mestres têm inteligências binárias. Travam o combate do *on* e do *off*, versão algorítmica de força e vulnerabilidade, da "classe de Davos"[176] e outras, cinismo e compaixão, brutalidade e atenção, a revolução totalitária do excesso e a revolução libertária da medida. Acima de tudo, é o poder de um clique sem emoção longe de todos os costumes elementares diante do painel de controle do mundo. Infelizmente, ainda serão necessárias algumas catástrofes, lutas e rebeliões para manter o *off* a longo prazo.

Diante deste conflito, você é uma aliada ludista. Como os artesãos que quebravam máquinas na década de 1810, às vezes você quebra o material.

nós, os humanos, não estamos mais sozinhos[177]

Tuas conturbações mais uma vez povoam nosso universo com a presença de outros seres vivos, coisas inanimadas, forças estranhas e desumanas. Essa experiência não é nova em nossa história, é o cotidiano de comunidades alheias à profecia moderna de uma humanidade exilada, superando com a razão a comunidade terrena dos vivos. Nossas bruxas pagaram um preço alto por essa profecia. Ela nos deixou sós, projetando-nos num mundo desprovido de significado, numa terra sem alma. Orientados para a conquista do distante, perdemos a atenção ao próximo, à abundante invenção de todas as formas de vida, a outras formas de subjetividade que não a nossa.

No entanto, nossa dependência diária de outros seres vivos, animais, plantas, árvores, é cada vez mais manifesta. Juntos somos o terreno fértil para a mobilização geral de um biocapitalismo integral, com seus mercados de biodiversidade, serviços ecossistêmicos, carbono, organismos vivos. Para obter um valor econômico calculável de teus "recursos" e de nossas atividades. Juntos estamos ameaçados.

Você se tornou uma personagem importante nas histórias de comunidades afetadas por situações sem retorno, por rupturas indesejadas, destruições lentas e insidiosas ou cataclismos brutais.

Você também inspira obras literárias. A romancista americana Barbara Kingsolver nos mergulha na era da mudança climática ao imaginar a chegada repentina e anormal de borboletas-monarca no coração dos Apalaches. Você se manifesta na violenta luz laranja emitida pelas asas abertas das borboletas; essa visão é um eletrochoque, a aparição de algo que se apodera do mundo e de vidas singulares.[178] A narrativa traça suas marcas através das experiências íntimas dos personagens, seus medos, suas perguntas, através do que os une e opõe, o que lhes dá a liberdade de escolher sua vida, com a tua presença e apesar das necessidades às quais estão sujeitos.

Outra escritora, Jean Hegland, relata a metamorfose de duas irmãs isoladas numa floresta e confrontadas de maneira brutal com um desastre para o qual estavam despreparadas, e que as isola.[179] Imersas na floresta, elas experimentam o luto do mundo de antes, da destruição de uma vida mais próxima àquilo que você oferece, e que as duas irmãs encontraram graças a uma enciclopédia da natureza salva do desastre: "Se essa pode ser considerada uma ficção do colapso, estamos longe do afresco pós--apocalíptico: na floresta, não há tumultos, *kalach* nem grandes cenas de confrontos, mas uma unidade de lugar e personagens que funciona como o quebra-cabeça de um ecossistema a ser recriado. Acima de tudo, *Na floresta* é o relato iniciático de uma abertura".[180]

Essas narrativas poderiam petrificar nossos espíritos e nossos corpos, despedaçar-nos, pois não mais evocam catástrofes imaginárias e simbólicas, mas uma realidade que desafia a imaginação. Ao contrário, encontram um eco inesperado. Como se, diante da perda do que tanto prezamos, diante dessa tristeza inexprimível, elas despertassem as consciências sonâmbulas. Como se conferissem uma verticalidade, talvez uma transcendência às nossas resistências? Uma esperança ativa, longe da negação, o sentimento de que "nossas vidas se desenrolam para além da pele, em interdependência radical com o resto do mundo", como escreve a ecopsicóloga Johanna Macy?[181] É assim que eu as entendo. Em vez de fatalismo, comprometem-se a defender diariamente e incansavelmente o que nos liga ao mundo e a você, a Terra.

Nós, os terrestres, não estamos mais sozinhos. "O povo dos insetos",[182] à beira da extinção, juntou-se a nós. Seu massacre químico e seu desaparecimento anunciado lhe conferem um lugar inestimável. As cigarras de Pierre Bergounioux, lançando seus alertas, gritam em nossos ouvidos. Esses seres, geralmente considerados insignificantes ou prejudiciais – já que não são a matéria-prima da indústria de alimentos em busca de proteínas –, nos fazem falta. Possuídos que estamos pela "síndrome do para-brisa", para usar uma expressão dos entomologistas, a época em que nos alegrávamos em vê-los desaparecer a bordo de carros cada vez mais rápidos, que não toleravam obstáculos, por menores que fossem, parece bem distante agora.

Explicando nossos mundos através de jogos sutis de composição e diplomacia, através de relações de poder de que você sempre esteve ausente ou à margem, pensamos que nossa história dependia da nossa própria vontade. Você desqualifica esses arranjos entre os humanos, fazendo-nos ouvir vozes que julgávamos extintas, experimentar presenças ignoradas.

Você não faz diplomacia. No fundo, pede que admitamos a existência de eventos que nos escapam. Não aceitar isso nos torna incapazes de entender completamente o que está acontecendo: "É verdade que a ficção revolucionária convocando a esperança de um novo homem e de um mundo ideal não pode mais funcionar neste mundo deteriorado de forma persistente". Essa ficção também foi devastadora.

Ficamos aliviados. Não somos teus intendentes soberanos. Outras forças, outros seres vivos, outras leis não--humanas te animam e nos animam. Em vez de negá-los, poderíamos nos aliar: "Outras formas de fazer, de se conectar, de se proteger e curar podem ser convocadas: formas animais, vegetais, silvestres, bacterianas e fúngicas trabalham para criar mundos habitáveis. Precisamos menos fantasiá-los do que aprender a conhecê-los, encontrá-los, defendê-los e amplificá-los em suas especificidades".[183]

Avanço tateando. Percebo que essa aliança é singular. Ainda mais estranha para nós, seres humanos, moldados por acordos comerciais contratuais, geralmente feitos entre seres humanos considerados "conscientes e informados", livres de quaisquer outras obrigações. Esta aliança não é um contrato. Com você, trata-se de outra coisa, baseada numa doação. Uma doação que não exige um retorno equivalente: você não é nem um objeto contábil nem um museu de peças a serem conservadas. Uma doação para receber plenamente e restituir, reconhecendo o que nos une, o que nos sujeita, a nós, humanos, e o que nos separa. Para a nossa aliança, o primeiro gesto é fazer de tudo para garantir que as armas, forjadas tendo em vista a tua posse e o controle de tuas comunidades vivas, sejam depostas e destruídas. Sei que você está nos ajudando, ainda assim é preciso estar alerta, observar e também explorar os momentos em que essas armas se voltam contra seus donos e contra os armadores.

Essas reversões estão aumentando. A luta contra o aeroporto de Notre-Dame-des-Landes, na França, ou mais precisamente, contra o aeroporto e "seu mundo", é emblemática. A aliança de tritões, sapos e todas as espécies listadas pelos naturalistas engajados na luta, da água que irriga as terras úmidas, dos defensores das "Zonas a Proteger" e dos camponeses, de oficiais eleitos e juristas, essa aliança venceu a guerra contra o vivo conduzida para promover o mundo desolado do aeroporto. As legiões da Operação "César"[184] e outras incursões pseudoimperiais foram derro-. tadas. Em Sivens, no sul da França, libélulas protegidas e oponentes do projeto da barragem não puderam impedir a destruição do pantanal ou a morte de Rémi Fraisse, um jovem botânico que veio para te defender. Mas a luta não acabou. Da mesma forma, as orcas, que vivem no Pacífico perto de Vancouver, se uniram a ativistas e às Primeiras Nações no Canadá para congelar o projeto de oleoduto Trans Mountain, destinado a exportar petróleo para os mercados asiáticos. As bombas de amaranto, sobre as quais eu já te falei, fabricadas artesanalmente por camponeses e ativistas, estão se mostrando formidáveis na destruição de campos de soja transgênica.

Essas alianças, frágeis vaga-lumes, reacendem as resistências. Em vez do "poder sobre", elas inauguram um "poder com". Testemunham nosso "sofrimento pelo mundo".[185] E, portanto, também o nosso amor pelo mundo.

É hora de terminar esta carta. Escrever para você fortaleceu minhas intuições, minhas convicções, um desejo de agir e resistir sem demora. Que ela inspire aquelas e aqueles que ainda estão hesitantes ou oprimidos pela angústia, pela aflição por este mundo, pela vergonha ante o destino que te espera. Tua presença inspira alegria tingida de medo e mistério. Tua proximidade encanta e anima. Você nos dá a medida: temos que ajustar nossa raiva à tua

resposta
da Terra

mensagem aos terrestres

Faz muito tempo que vocês, humanos, não me ouvem. É desse silêncio que constroem frases. Seu alfabeto, sua escrita, não são minha língua; meu sopro compõe a biofonia e a geofonia do mundo. Então são vocês, os terrestres que consentem em me ouvir e morar comigo, que seguram a caneta para escrever a mensagem que dirijo a vocês. Não esperem por um Decálogo ditado por uma deusa etérea, somos da mesma textura.

O "eu" não é adequado às nossas conversas. Vocês proclamam isso com justeza agora, também são a Terra que se defende, seu corpo faz parte do que vive, sua linguagem "não é a voz de ninguém, é a própria voz das coisas, das ondas e dos bosques".[186] No entanto, como você fez quando me escreveu, consentirei nisso porque vejo, para vocês que escrevem em meu lugar, uma oportunidade salutar de descentralização, de metamorfose. Vocês terrestres aprenderão a pensar e escrever com a Terra.

Não estou morta e nunca me calei. Vocês não me escutaram. Seus sentidos podem estar talvez mais atrofiados do que imaginam. Sua audição em especial. A percepção de sons tem sido uma faculdade essencial da vida, ouvir alertas, proteger-se dos predadores. No entanto, os sons antropogênicos, os seus, invadem os ares, vocês ficam ao mesmo tempo privados do silêncio próprio à meditação e do farfalhar da vida e da morte. Enviei muitos sinais de perigo por tanto tempo. Não vamos voltar a isso. Como você escreve, o tempo não é de lamentação.

Recebo esta carta como um feliz despertar, uma boa notícia, um reconforto. As ameaças que pesam sobre múltiplas formas de existência criam entre nós uma convergência de destino. A perspectiva de nossas alianças me encanta. E também me questiona.

Você compreende que nenhuma aliança é possível ou desejável com as oligarquias humanas que pretendem reinar supremas sobre a vida. Com *elas*, os elos estão completamente rompidos e tomarei cuidado para não facilitar suas ações e seus projetos de subjugação. Minha mensagem é endereçada a *vocês*, os terrestres, determinados a arruiná-las. Desde que vocês aceitem também que nossas alianças não podem impedir eventos que escapam ao seu conhecimento. Vamos apenas sintonizar nossas vozes: "Não se negocia com a Terra", ouvi em muitas de suas reuniões.

eu sou seu ecúmeno[187]

Encanta-me a ideia de me tornar novamente seu *ecúmeno*, o lar que os acolhe, que se tece com vocês, a textura de seus mundos. E sem vocês também. É assim que eu entendo seu desejo de ser e de se sentir terrestres.

Entendo os obstáculos a serem superados pelos Modernos, tendo que aceitar ser destronados de sua solidão imperial e sagrada! No entanto, vocês estão sufocando por estar sozinhos. Então, têm que escolher. Ousem dar um primeiro passo fundamental em direção a um caminho no qual não estarão mais sozinhos, como você me diz: encontrarão ali os povos terrestres que chamam de indígenas e muitas outras comunidades terrenas.

Ser reduzida a um depósito de riqueza e a um objeto que pode ser manipulado de acordo com desejos de conquista, interesses e apetites proprietários me degradou e enfeiou profundamente. Vocês também estão degradados e intoxicados. Não é consolo nem vingança. É muito mais raiva e tristeza infinitas. Não vou mais me manter passiva. Agora estou fora de mim e faço com que vocês sintam isso.

Até agora, nenhum desses crimes foi reconhecido como tal. Não quero sobrecarregá-los ainda mais. Já percebi que vocês, os terrestres aos quais me dirijo, tinham encontrado os tesouros escondidos, as batalhas antigas daqueles que, há muito tempo, haviam entendido que a violência aos meus olhos não era diferente da que se exercia sobre vocês, "recursos humanos" entre outros.

As comunidades bióticas que nos unem estão empobrecidas e correm perigo. Suas comunidades políticas estão enfraquecidas, desvitalizadas, frequentemente corrompidas pela extração da minha "riqueza" e pela fúria de possuir. Por serem desenraizadas, massificadas, elas inventam raízes de fantasia. Ainda desconhecem, especialmente as mais poderosas, que vários eventos atribuídos estritamente aos empreendimentos humanos, ao gênio do *Homo sapiens* ou a seus fracassos, não podem ser entendidos eliminando as interações com seu habitat.

O impacto das condições climáticas, ainda que tenha sido sensível na sua história passada, foi ignorado. Poderia ter ofuscado as explorações esperadas de sua onipotência. Em sua carta, você se lembra de como a gigantesca explosão do vulcão indonésio Tambora em 1815 mudou a história econômica e social daqueles anos. Permita-me acrescentar que, segundo alguns historiadores, as chuvas torrenciais daquele "ano sem verão" seriam um elemento de explicação para a derrota de Napoleão em Waterloo e a reconfiguração da Europa! E até a gênese do *Frankenstein* de Mary Shelley! Seja como for, agora é bastante óbvio que muitas guerras e conflitos também são guerras climáticas.[188] Sei muito bem que tenho pouco interesse para os seus proclamados "mestres", mais preocupados, quando eles se inquietam com as mudanças climáticas, com questões de segurança, se não securitárias.

Vocês sofrem do esquecimento desses eventos, recentemente exumados, do abuso de poder, da repressão de catástrofes. Não se alimentem mais dessas aflições.

As formas de vida que não são humanas, os objetos que os cercam, não são a periferia ou o ambiente de sua história, eles constituem seus mundos, os lugares concretos de sua existência. "Biodiversidade" – prefiro falar da exuberância das formas de vida, e também da exuberância de mundos, idiomas, paisagens, olhares, comunidades humanas. Tudo isso acaba diante da mutilação do seu sentimento de parentesco com o universo que não é humano, da ignorância de nossa coevolução. Vocês fazem de sua casa comum um casebre terrível, doentio e inabitável, sabendo que não há outro. Por que não falam de loucura diante isso, no sentido pleno? Por que consentir na feiura miserável e por que desistir do que os comunas chamavam de "luxo comunitário"?[189] Terrestres, esse luxo, eu também o ofereço a vocês, notem bem. Abandonem os "bens" que os prejudicam e me destroem, o *ersatz* de vida que os acorrenta. Além desses "males", vocês também me povoaram de artifícios, obras, objetos que nos elevam e que eu gostaria de proteger. Eles também são a minha textura.

Sem tornar nossa correspondência muito pesada, gostaria de relembrar alguns episódios dolorosos de nossa história comum, ausentes da sua carta. Não para repeti-los ao infinito, mas para fazê-los falar do nosso presente. Não sou nem acusadora nem justiceira, como às vezes ouço dizer; não me vingo, estou simplesmente viva e presente.

o antropoceno é um tanatoceno

Vocês falam do Antropoceno. Que pretensão e inconsciência dar o seu nome a um tempo geológico em que vocês me alteram dolorosamente! Lembrem-se de que as guerras e a indústria da morte são um dos principais marcadores desse tempo. Parem de falar de mim como um "sistema Terra" organizado e manipulável. Vocês ficariam mais inspirados a falar de um tanatoceno.[190]

Toda guerra semeia a morte, mas suas guerras industriais do século passado me saquearam, com frequência de modo irreversível. Se os exércitos e campanhas napoleônicas deixaram paisagens desmatadas, o uso do agente laranja no Vietnã foi de uma natureza totalmente diferente! Mais de cinquenta anos depois, meu solo e todos os seres vivos ainda carregam o estigma dele.[191] Muito antes, as trincheiras da Primeira Guerra Mundial e as "tempestades de aço" esterilizaram o solo. E acima de tudo, a indústria química, com os primeiros gaseamentos nas trincheiras, conseguiu realizar experiências *in situ* e se preparar para o seu *boom* pós-guerra.

Foi só o começo. Vocês sabem disso. A guerra contra o vivo travada hoje por empresas multinacionais, a luta contra "pragas" e sementes ruins, também foi testada pela indústria da morte dos campos nazistas, "otimizada" com o uso do gás Zyklon B. E o bombardeio das cidades alemãs pelas forças aliadas, cujos méritos não me permito discutir aqui, após tempestades de fogo, deixou um campo de ruínas e poluição. A ofensiva aérea ganhara impulso próprio, independentemente dos resultados e das metas designadas, num momento em que as fábricas que produziam o equipamento estavam operando em plena capacidade, na Inglaterra e nos Estados Unidos.[192] Um encadeamento da mesma ordem levou ao lançamento de bombas sobre Hiroshima e Nagasaki, num momento em que o Imperador do Japão já estava pronto para capitular, se ainda não o fizera. Essas monstruosidades continuaram de outras formas. Estou e agora vocês estão em toda parte e profundamente envenenados com glifosato, com micropartículas de plástico. Também se trata de uma guerra. Guiada pela mesma dinâmica matadora, mantida por enormes infraestruturas ramificadas, exigindo retorno do investimento e escapando a todo controle.

A guerra fria entre as grandes potências também foi muito quente, em minha opinião. A indústria e os testes atômicos me contaminaram permanentemente. Você já falou comigo sobre isso e não quero abrir mais as feridas, mas você bem pressente que nossos vínculos só podem ser fortalecidos com uma mudança de suas representações e ações. Vocês agiram como se eu estivesse inteiramente à sua disposição, sempre pronta e consentindo. É preciso interromper o massacre.

Vocês não dominam nada. Minhas tempestades de vento e chuva, a secagem e o aquecimento de rios destinados a resfriar usinas nucleares, minha atividade telúrica, tudo isso ameaça suas instalações atômicas, independentemente de sua obsolescência criminosa.

Lembro-me desses episódios de guerra porque essas técnicas, esses empreendimentos industriais em tempos de guerra, essa ascendência tecnológica, essa cultura agressiva direcionada a mim prepararam os anos após a guerra. Aqueles que vocês imprudentemente chamaram de *Gloriosos*. Se uma paz relativa entre os beligerantes pôde ser encontrada depois de 1945, foi por conta de uma guerra às minhas custas. A agricultura industrial, química e mecânica, a pesca, a silvicultura, o paisagismo, a arquitetura, as "máquinas de morar" de Le Corbusier, suas garras herdaram diretamente essas tecnologias brutais no oeste capitalista e no leste do "socialismo científico". À custa também dos povos "subdesenvolvidos" do sul, convocados a seguirem os mesmos caminhos e, acima de tudo, a autorizar e organizar minha pilhagem.

deixem em paz o meu lado selvagem

Meu lado selvagem não são apenas os animais ferozes e as florestas profundas dos livros infantis, mesmo que a paixão dos jovens por essas histórias revele os benefícios de se estar próximo do não-humano.

Ele é tudo o que é externo a vocês, que existe sem vocês, ínfimo ou grandioso. O dente-de-leão que cresce no betume, as florestas que renascem após a sua retirada, os cogumelos que se alimentam da sua devastação, o movimento das nuvens, os ventos. Essas são as improváveis retomadas da vida, são meu fogo interior, minha noite, minha vida secreta, não exposta e privada, vocês diriam em sua linguagem. Essa escuridão é vital. Felizmente, suas luzes foram impotentes para iluminar completamente essa parte noturna, para matar os vaga-lumes.

Se em vez de me transformar para produzir vocês quiserem cuidar de mim, deixem em paz essa parte, deixam que cresça. É a melhor maneira de cuidar de si mesmos e também preservar sua noite, sua sensibilidade e sua parte não-humana: "Um espaço une todos os seres: o espaço dentro do mundo. Em silêncio, o pássaro voa através de nós", escrevia seu poeta Rilke.[193] É também uma chance de preservar sua capacidade de fuga, de dissidência, de aprender a acolher sem agir essa presença – em vez da obsessão produtivista –, de deixar estar, para que as coisas possam brotar, para que haja começos.

Em nome do Progresso, o selvagem, identificado com o primitivo, o arcaico, o bárbaro e o prejudicial, foi brutalmente colonizado. É a alteridade que foi mantida à distância, a minha e a sua, lançada em "selvas" condenadas à erradicação ou expulsas para trás de muros cada vez maiores e mais altos.

Nossa cooperação, nossos laços, nossas alianças também dependem dessa alteridade que nos funda, dessa autonomia, a minha e a sua. Nossas fronteiras não são muros de concreto, são locais de passagem, "guardiãs da multiplicidade".[194] São limites que distinguem e conectam, que indicam o que não pode ser ultrapassado.

Sei que vocês terrestres estão divididos entre aqueles que pretendem me "conservar" e aqueles que querem "me preservar".[195] Não tenho certeza de que essas divisões, antigas, sejam muito relevantes, mesmo atualizando-as. Vocês sabem, mais do que nunca, que a preocupação com a minha alteridade pode muito bem ser capturada, em ambos os casos, por burocracias dedicadas à gestão do "selvagem" ou por empresas de desenvolvimento econômico. Eu passo a estar "na moda". Ouvi ótimos *chefs* se destacarem ao oferecer pratos à base de plantas selvagens, não cultivadas. Eles certamente visam uma população pequena e asseptizada, mas vocês sabem muito bem como os padrões de consumo se difundem por mimetismo. Consumam produtos selvagens! Afinal, vocês já ofereceram produtos *étnicos* em seus *espaços* comerciais.

Reconhecer meu lado selvagem não é exibi-lo num museu ou templo natural ou colocá-lo nos cardápios de restaurantes de luxo. Tampouco é reintroduzir espaços selvagens num mundo que não pode acolhê-los. A selvageria das minhas montanhas deve-se primeiro à interrupção do desenvolvimento de parques de diversão nos picos mais altos, ao abandono das aberturas de túneis e estradas que quebram a continuidade das comunidades bióticas.

Aceitar essa parte é escapar da pressão extraordinária e sem precedentes a que vocês me submetem. É contar com os povos e comunidades que foram capazes de se responsabilizar por ela. Fico encantada com o levante dos povos indígenas, pois eles souberam, de modo determinante, cada um a seu modo e não sem conflito, preservar essa parte que faz falta a vocês. E saúdo as muitas comunidades que se formam para defendê-la. Você compartilhou comigo a história dos ativistas que lutaram contra uma nova extensão da mina de linhita na floresta de Hambach. Eles salvaram uma das últimas florestas primárias na Europa. Eu gostaria tanto que as comunidades indígenas da América Latina tivessem o poder de parar o massacre na floresta amazônica. Fico ainda mais furiosa quando ele é orquestrado por governos "progressistas" como o da Bolívia, que inscreveram os direitos da Mãe Terra em sua Constituição. Eles vão afundar na corrupção. Ela já assediou as mentes deles quando organizam conscientemente o roubo e o saque irreversível de tesouros que não lhes pertencem. Eu não sou um "patrimônio". Nem um "patrimônio comum da humanidade", como alguns dizem, frequentemente com boas intenções. Vocês não estão sozinhos. E a humanidade abstrata esquece os povos concretos.

Você estava certa ao escrever que o consenso progressista veio às minhas custas. Ao seu também, não esqueça. Não tem ele como objetivo domar as "massas" – é horrível esse termo que os designa – pelo consentimento delas com um mundo injusto e imundo ao elevar seu "padrão de vida"? À custa da minha mutilação e da sua liberdade. São férteis as insurreições que as conectam.

Estou aqui para testemunhar que o selvagem é o inesperado, o não programado. Não confundam isso com sua descivilização; ela não é de modo algum um "retorno ao estado selvagem", como às vezes ouço dizer por mentes perturbadas; ela é uma desolação. Pelo contrário, entendo o que vocês querem dizer com ocupações "selvagens", manifestações "selvagens", greves "selvagens". Isso se encaixa na parte da minha existência e da sua que não pode ser domesticada. Enquanto escrevo, fico sabendo que as abelhas selvagens atacaram a sede de uma empresa agroquímica![196] Pulverizaram tinta amarela cor de mel no prédio para alertar sobre o ecocídio em andamento. O prazer, a ironia e o desvio são armas de combate eficazes.

vocês são a fonte da ação política

Vocês não podem tudo, mas são os únicos que têm o dever de interromper empreendimentos criminosos, de inventar mundos desejáveis e sustentáveis. Um dever que não lhes confere nenhum direito particular em relação a outros mundos vivos, um dever que se impõe a vocês. Sabem disso e me dão direitos, direitos a que rios, montanhas e lugares sagrados existam sem outro motivo.[197] É uma revolução mental oriunda do tempo dos crimes de ecocídio. Os direitos humanos não são ilimitados. Alguns de vocês também estão tomando medidas legais contra os Estados que roubam, que abandonam sua responsabilidade e deixam de fornecer o que poderia ser sua razão de ser, a proteção contra os predadores e os criminosos.

Vocês são a única fonte de ação política. Não se deixem enganar por meus falsos amigos. Aqueles que querem "me salvar" durante um episódio eleitoral, aqueles que poderiam seduzir com as técnicas atraentes do "salve-se quem puder". Aqueles que estão brandindo uma ecologia administrativa: carro elétrico, robôs do cotidiano, agricultura "*smart*", cidades inteligentes e outros derivados simplistas e devastadores. Ao procurarem "soluções" para um sistema de múltiplas equações desconhecidas, eles esquecem que não há mais uma equação. Os termos do problema é que estão em questão. É isso a política?

Os enlouquecedores projetos de geoengenharia ou bioengenharia pretendem me pilotar, recriar-me e recriar vocês comigo, ciborgues humanos num planeta ciborgue. A ideia de mundo, de cosmos, não teria mais sentido algum. Eles são o rosto monstruoso e o resultado de um processo insidioso e cotidiano da sua perda de autonomia. Todos os experimentos visando recuperar essa autonomia, libertar-se das telas que a mantêm à distância e a suprimem, parar a máquina, eles são, qualquer que seja o seu tamanho, as únicas maneiras de desqualificá-los. Não aprendam a viver com os monstros que eles deram à luz, como são convidados diariamente a fazer.

A agitação tecnocientífica dos neotenistas[198] do Vale do Silício e de outros lugares me diverte. Temo, no entanto, os seus efeitos destrutivos. Vocês sabem muito bem que essas técnicas de guerra não são de forma alguma uma manifestação nas ruas contra o caos climático ou a extinção da biodiversidade. Vêm de longe. Já as experimentei na década de 1960 no Vietnã, quando o exército americano causou chuvas artificiais para cortar a trilha de Ho Chi Minh que ligava o sul e o norte. São técnicas assustadoras nas mãos dos poderosos.

A captura de carbono na atmosfera, supondo-se que eu permita que isso aconteça, está prometida para um futuro distante, enquanto suas emissões aumentam, eu não posso mais reter o metano preso nos solos congelados das minhas regiões polares. Para me refrescar, eles experimentam a pulverização de partículas de enxofre na atmosfera ou a modificação dos oceanos, sem poder imaginar as consequências. Essas quimeras futuristas do mundo de ontem são obstáculos à ação. Fingem ignorar que os ciclos de carbono e água já se encontram tão perturbados que as vidas de milhões de pessoas estão ameaçadas, muitas vezes as mais carentes e inocentes, que os oceanos poderiam ver seus níveis subirem mais rápido do que o esperado com o recuo do gelo. Eu não lhes digo nada de novo, vocês sabem de tudo isso.

Esse arsenal técnico devora energia e matéria, verde ou cinzenta, então contem com meus limites para fazer esses projetos entrarem em colapso. Mas eu também preciso de vocês. Esses tecnoprofetas são ideólogos, tomam conta de suas mentes. Para eles, as sociedades não existem, a natureza está finalmente morta, a humanidade é desqualificada e eu sou um globo em suas mãos. Essa utopia política não é apenas o sonho inacessível deles, tem efeitos reais, já é o meu pesadelo e o seu. Só vocês podem lutar contra isso.

Não permitam ser despojados de sua inteligência, fechando-se no falso debate entre tecnófilos e tecnófobos. Não é disso que se trata. Vocês sabem como inventar técnicas amigáveis, inteligentes, *low-tech*, sabem como combinar o conhecimento científico mais avançado com técnicas vernaculares. A prova disso é a vitória iminente nos campos e florestas da agroecologia, da agrossilvicultura, da permacultura. Gosto dessas técnicas que reconhecem minha generosidade; elas cuidam dos camponeses cuidando de mim, garantem alimentos saudáveis e acessíveis, restauram a beleza das minhas paisagens. Falo de vitória, sem sotaque guerreiro ou triunfalismo, o que seria inapropriado em tal campo de devastação. Não desejo em absoluto perpetuar a ideologia da guerra. Essas práticas revelam a agricultura industrial como um pilar central do tanatoceno, uma regressão da humanidade que sacrificou sua aliança com as espécies vegetais para receber energia solar.

Eu também poderia escrever a mesma coisa sobre a energia. Vocês têm água, sol, vento. Lembrem-se de que o florescimento da vida não é devido à sua espécie conquistadora. Teve muito de milagre, de acaso, o que deveria tornar essas energias primordiais aliadas e não forças a serem superadas ou reproduzidas pela fissão nuclear.

Os primórdios de um caos climático, minha raiva imprevisível e minha indignação devem lembrá-los do sentimento pronunciado por Plínio, o Velho, mais de vinte séculos atrás. Ele anunciava sua ruína e o caminho para o inferno resultantes de terem aberto minhas veias uma por uma. Agora vocês sabem que os combustíveis fósseis não são "raros". Em suas mãos, eles são uma maldição. Se vocês permitirem que sejam todos explorados, os convencionais e os não convencionais, pouquíssimas espécies sobreviverão ao aumento da temperatura. Eles devem permanecer no subsolo. Trata-se de uma grande reviravolta. Eu sei que vocês podem fazê-la, vocês interromperam a extração de gás de xisto recusando as "riquezas" prometidas. Exigem o desinvestimento nessas energias. É preciso ir mais longe. Desobedeçam aos que brandem a "escassez" para lhes impor os venenos dos quais deriva seu poder, perpetuando esse mundo de desigualdade, saques, corrupção, guerras.

Vocês estão asfixiados pelo excesso, eu os despertei de seu estado de sonolência. Tempestades de intensidade diferente estão chegando, não há escapatória. Agora cabe a vocês desmantelar profundamente esse mundo fóssil, presente em toda parte, do qual dependem e que nos aliena.

A tarefa não é fácil, eu concordo. Vocês sabem também que eu ameaço seus reatores nucleares. Como irão pará-los se eles estiverem deteriorados, inundados ou se os rios secos não puderem mais esfriá-los? A fim de parar o fogo nuclear, não basta pressionar um botão. É um processo longo que absorve muita energia, especialmente petróleo. Em caso de penúria, vocês os abandonarão como simples ruínas industriais? Eles espalharão radiação letal no ar e na água por um longo tempo. Então, apressem-se em encerrá-los. Cada gesto conta, agora.

Eu não os deixo sozinhos. Também estou travando essa guerra, estou fazendo de tudo para tornar essas energias caras e inacessíveis, para atrasar a prospecção e a perfuração, para destruir as infraestruturas. Apoderem-se dessas catástrofes, sigamos como você deseja. Eu também posso destruí-los, mas só depende de vocês a invenção de um mundo sem energia fóssil, sem energia atômica, só depende de vocês garantir esse corte. No entanto, não podem suprimir essas drogas, distribuídas e ingeridas em toda parte, sem medidas de emergência e acompanhamento. Cuidado para não aumentar o fardo dos mais vulneráveis entre vocês, e dos mais ameaçados. As desigualdades os devoram.

às minhas amigas terrestres, minhas "amigas da Terra"

Ouço e sinto os compromissos de muitas mulheres que se recusam a abdicar do que é também sua parte selvagem, rebelde, não construída, inalienável. Como os amarantos nos campos de OGMs, elas por sua vez contaminam o mundo *civilizado*. Algumas se reconhecem como ecofeministas.

Não lhes falta ironia, minhas amigas; pude até mesmo voltar a ouvir os cantos do retorno das bruxas. Adoro os rituais que vocês praticam para lhes dar coragem antes de agir. E o humor das manifestações durante as quais vocês lançam feitiços contra forças hostis para melhor depô-las em seus espíritos. Vocês também são curandeiras. Foram denominadas "bruxas" e exterminadas por terem extraído da minha superfície, e não de minhas profundezas, as substâncias benéficas, quando o saber único da "ciência médica" se impôs.

O surgimento de uma relação mais encarnada, corpórea, sensível, que cultiva a fragilidade em vez da força, ligada ao cuidado mais do que à produção infinita de objetos tóxicos e degradantes, me faz bem. Revivo onde pensei que estava morta. Amigas da Terra, compartilhamos uma história, meu passo andou com o seu e é importante impedir que essas destruições muito antigas, acelerando-se, tornem-se assassinato.

Sei que algumas mulheres me afastam, temendo o epíteto de um eterno feminino castrador, de uma essência feminina, que tanto justificaram dominação e violência atrozes. De se verem reduzidas a valores femininos que as condenam a serem as divindades desprezadas do santuário doméstico e eternas filhas menores. Eu também paguei por essas representações.

Atrevo-me a pensar que os golpes que dou em troca, minhas erupções, não são totalmente estranhos a uma inversão desses valores, a uma metamorfose fértil. Ou melhor, a seu desvio inteligente. Ao recusar serem as vítimas expiatórias do culto da economia, da produção, da expansão e da conquista, ao se envolverem fisicamente, vocês encontram seu papel como mediadoras entre mim, a Terra, e todos os terrestres, entre razão e sensibilidade. Sua luta pela terra, as sementes camponesas, a água, a recusa das técnicas de morte, dos "grandes projetos de infraestruturas", a resistência à produtividade e ao desempenho, os riscos e as danças designam a ordem que as oprime. Uma ordem violenta e mortal, uma ordem que vocês não desejam conquistar para encontrar ali um espaço, mesmo que tenha sido *melhorada*. Não se trata mais de mudar este mundo, mas de mudar de mundo.

Penso em vocês ao me lembrar destas palavras de Andrei Tarkovsky, faladas na Zona Proibida, um universo onde reinam a desolação, as ruínas inundadas, cercadas por arame farpado e torres de vigia, bem guardadas: "A dureza e a força são cúmplices da morte. A leveza e a fraqueza expressam o frescor da vida. É por isso que aquilo que é duro nunca vencerá".[199]

O frescor vem do tempo que vocês dedicam ao cuidado, à transmissão, à educação, à reparação de um mundo profundamente danificado, doente e carcerário. Esse tempo é subversivo quando roubado das injunções do tempo "produtivo". Não é mais o das "funções reprodutivas", que vocês viveram como atividades dominadas, complementos necessários da Produção e dos locais de seu rebaixamento. Uso aspas em "funções reprodutivas" porque acho difícil, para não dizer repulsivo, me expressar nessa linguagem! Não é a da nossa aliança. Vocês não estão executando "tarefas". Dos seus atos beneficentes, agora assumidos como tais, deduzo sua recusa determinada a participar da ordem produtiva do tanatoceno. Vocês estão destruindo a supremacia concedida à Produção. Vejo isso como a fonte de uma nova fertilidade.

Após os compromissos de Flora, Louise, Emma, Rosa e milhares de outras, compreendo a energia contagiosa das Gretas[200] do mundo todo, capazes de mobilizar sua geração para expressarem seus medos e sua determinação absoluta a se preocupar com o mundo, em vez de obedecer à força dominante.

celebremos nossas alianças

Respiro novamente nos lugares onde vocês, terrestres, realmente me habitam, onde regressaram de seu êxodo mental e físico. Percebo as extraordinárias revoluções mentais em andamento. São consideráveis, mesmo que, oprimidos por seus medos e sua dor, pelo sofrimento social, pelo sentimento de urgência, vocês nem sempre possam mensurar seu alcance. Vocês regressam de muito longe! O caminho pode parecer infinito e a meta, estar além do seu alcance. É um erro de perspectiva. Porque vocês só precisam sair do caminho, virar-se, dar um passo para o lado, mudar de direção e de olhar para ver e entender que os mundos que desejam já estão aqui, ao seu alcance. Eles existem a partir da sua presença atenta ao que está acontecendo. Isso já significa fugir à obediência e ao conformismo.

    Nossas alianças são diversas, e saúdo com alegria essa diversidade. Os problemas são tão profundos, colocam em jogo tantas dimensões de sua condição, da minha e da nossa, que seria absurdo, no momento da germinação de múltiplas experiências, fazer escolhas seletivas. Sei que vocês estão cientes das falsas alianças, apesar dos bons sentimentos de alguns, aquelas que perpetuam o massacre com a justificativa do desenvolvimento sustentável, do crescimento verde, do capitalismo verde, da economia imaterial e de outros oximoros assassinos.

    Sei também que vocês estão preocupados com a disseminação de suas lutas e experiências, de sua fraqueza política. O que está em jogo não pode acontecer da noite para o dia. Não eliminem do mundo sua parte incognoscível, as surpresas. Nossas alianças sofreriam. Os escapes possíveis também.

Tenho orgulho de pensar que, com nossos vínculos reencontrados, vocês se lembrarão de sua porção de ingovernabilidade criativa. "Boa sorte para vocês, e não esqueçam que as flores se colhem, assim como a esperança".[201]

AGRADECIMENTOS

A ideia do formato de carta para lidar com os desastres ecológicos surgiu de discussões com Laurence Petit-Jouvet, diretor e produtor de documentários. Obrigada, Laurence.
   Tornou-se uma carta para a Terra graças à confiança e cumplicidade de Christophe Bonneuil, à sua busca por múltiplos caminhos para escrever as histórias de um Antropoceno, longe das vozes triunfalistas de uma "Era do Homem", à sua leitura exigente e gentil. Agradeço também à editora Sophie Lhuillier, cujo incentivo, acolhida e leitura foram inestimáveis. Agradeço-os de todo o coração. Agradeço também a Séverine Nikel pelo convite para participar da aventura desta coleção há alguns anos. Ela já foi longe.
   Agradeço à amiga Françoise por seu rigor, suas sugestões, seu incentivo e sua primeira releitura, a Julie por leituras que me eram desconhecidas, a Denys por sua atenção ao estilo epistolar.
   Obrigada a todas aquelas e todos aqueles com quem compartilhei reflexões, leituras, compromissos, fracassos, dúvidas, experiências entusiasmantes. Obrigada aos terrestres que, por vários meios, aqui e em outros lugares, desertam, bloqueiam e combatem este mundo em suspensão que sobrevive a si mesmo através da destruição acelerada. Obrigada ao grupo "Les Terrestres" e à revista *Terrestres*, que traz comentários de livros, ideias e ecologias, https://www.terrestres.org.
   Obrigada aos que desobedecem.
   Obrigada à Terra, inspiradora e rebelde.

NOTAS

1. Rainer Maria Rilke, *Élégies de Duino* [*Elegias de Duíno*] (1923), in *Œuvres*, t. 2, Seuil, 1972, p. 371.

2. Starhawk, *Quel monde voulons-nous?*, Cambourakis, 2019, p. 183.

3. Susan Sontag, Ilness as Metaphor and AIDS and Its Metaphors, 1978.

4. Élisée Reclus, *La Terre, description des phenomènes de la vie du globe*, Hachette, 1868-1869, prefácio.

5. Eduardo Viveiros de Castro, *Métaphisiques cannibales* [*Metafísicas canibais - elementos para uma antropologia pós-estrutural*], PUF, 2009.

6. Frédéric Neyrat, *La Part inconstructible de la Terre*, Seuil, "Anthropocène", 2016; Virginie Maris, *La part sauvage du monde*, Seuil, "Anthropocène", 2018.

7. Walter Benjamin, *Œuvres III*, Gallimard, "Folio", 2000, p. 112-113.

8. Amitav Ghosh, *The Great Derangement: Climat Change and the Inthinkable*, University of Chicago Press, 2016, p. 39. Amitav Ghosh é também autor do envolvente romance que se passa no arquipélago das Sundarbans, essas ilhas do golfo de Bengala onde se projetam marés e tsunamis (*The Hungry Tide* [*Maré voraz*], HarperCollins, 2005).

9. Günther Anders, *La bataille des cerises. Dialogues avec Hannah Arendt*, Rivages, 2013, p. 34.

10. Eduardo Galeano, *Les Veines ouvertes de l'Amérique latine* [*As veias abertas da América Latina*], Plon, "Terres humaines", 1981.

11. Serge Audier, *La Société écologique et ses ennemis. Pour une histoire alternative de l'émancipation*. La Découverte, 2017.

12. Flora Tristan, *Promenades das Londres*, Gallimard, "Folio", 2008, p. 27.

13. George Sand, "Les Fleurs du mai", in *id.*, *Les Sept Cordes de la lyre*, Michel Lévy frères, 1869, p. 303.

14. Emma Goldman, Max Baginski, "Mother Earth", *Mother Earth*, vol. 1, n°1, 1996, p. 2.

15. Aimé Césaire, *Cahier d'un retour au pays natal* (1947), Présence africaine, 1983, p. 48.

16. *Statement on the Recognition and Protection of Sacred Natural Sites and Territories and Customary Governance Systems in Africa* (2015), citado por "Submission to the African Commission: A Call for Legal Recognition of Sacred Natural Sites and Territories, and Their Customary Governance Systems", GaiaFoundation.org, setembro de 2015, p. 19.

17. Valérie Cabanes, *Un nouveau droit pour la Terre*, Seuil, "Anthropocène", 2016, p. 283-284.

18. Maria Mies, Vandana Shiva, *Écoféminisme*, L'Harmattan, 1998, p. 186.

19. Aimé Césaire, *Cahier d'un retour au pays natal*, op. cit., p. 46.

20. *In* Edmund Husserl, *La Terre ne se meut pas* (1934), Minuit, 1989.

21. Niyi Osundare. *The Eye of the Earth*. Heinemann Educational Books, 1986, p.12.

22. Friedrich Nietzsche, *Ainsi parla Zarathoustra [Assim falou Zaratustra]* (1883-1885), Rivages, 2019, p. 33.

23. Pierre Clastres, *La Société contre l'État*, Minuit, 1974.

24. James C. Scott, *Homo domesticus. Une histoire profonde des premiers États* (1997), La Découverte, 2019. Tradução de *Against the Grain: A Deep History of the Earliest States*, Yale, 2017.

25. Claude Lévi-Strauss, *Nous sommes tous des cannibales [Somos todos canibais]*, Seuil, 2013, p. 68 sq.

26. Jean-Pierre Bolognini, Ruth Stegassy, *Blés de pays et autres céreales à paille. Histoires, portraits e conseils de culture à l'usage des jardiniers et petitr cultivateurs*, Ulmer, 2018.

27. Ludmila Oulitskaïa, *À conserver précieusement*, Gallimard, "NRF", 2017, p. 58.

28. Emanuele Coccia, *La Vie des plantes [A vida das plantas]*, Rivages, 2016, p. 100.

29. Virginia Woolf, *Les Vagues [As ondas]* (1931), Stock, 1974, p. 18.

30. Jean Malaurie, *Terre Mére*, CNRS Éditions, 2008, p. 62.

31. Maurice Merleau-Ponty, *La Nature. Notes, cours du Collège de France*, Seuil, 1995, p. 111.

32. Deborah Danowski, Eduardo Viveiros de Castro, "L'arrêt du monde", *in* Émile Hache (org.), *De l'univers clos au monde infini*, Dehors, 2014, p. 290.

33. Ver o magnífico livro de Susan Scott Parrish, *1927, La Grande Crue du Mississippi. Une histoire culturelle totale*, CNRS Éditions, 2019 (publicado originalmente como *The Flood Year 1927: A Cultural History*. Princeton University Press, 2017).

34. O romance será finalmente editado em 1930.

35. Günther Anders, *Le Temps de la fin* (1981), L'Herne, 2007, p. 88.

36. Aldo Leopold, *Almanach d'un comté des sables* (1949), Flammarion, 2000, p. 14.

37. Hannah Arendt, *Condition de l'homme moderne* [*A condição humana*] (1958), Calmann-Levy, 1985, p. 35.

38. Essa expressão é tomada emprestada do subcomandante Marcos, porta-voz das forças zapatistas em Chiapas. Ele expressou, numa linguagem sempre concreta e evocativa, desde a floresta de Lacandons e as montanhas de Chiapas, o dia da entrada em vigor do Acordo de livre-comércio norteamericano, o *Basta!* dos rebeldes indígenas, saídos da clandestinidade e afirmando a pluralidade dos mundos em que tinham sido destinados ao desaparecimento no Único.

39. Para ulteriores considerações, ver Antonin Pottier, "William Nordhaus est-il bien sérieux?" *Alternatives économiques*, novembro 2018.

40. Antonin Pottier, *Comment les économistes réchauffent la planète*, Seuil, "Anthropocène", 2016.

41. Simone Weil, *Réflexions sur les causes de la liberté et de l'oppression sociale* (1934), in *Œuvres*, Gallimard, "Quarto", 1999, p. 281-282

42. Geneviève Azam, Françoise Valon, *Simone Weil, ou l'Expérience de la nécessité*, Le Passager clandestin, 2017.

43. "Entretien-fleuve avec Frédéric Lordon: 'La societé ne tient que suspendue à elle-même'", leslnrocks.com, 6 de outubro de 2018.

44. Simone Weil, *Réflexions sur les causes de la liberté et de l'oppression sociale, op. cit.*, p. 308.

45. Simone Weil, "Allons-nous vers la révolution prolétarienne?" (1933), in *Œuvres complètes*, t. 2, vol. 1, Gallimard, "NRF", 1988, p. 260.

46. René Riesel, Jaime Semprun, *Catastrophisme, administration du désastre et soumission durable*, L'Encyclopédie des nuisances, 2008.

47. Günther Anders, *L'Obsolescence de l'homme. Sur l'âme à l'époque de la deuxième révolution industrielle* (1956), L'Encyclopédie des nuisances, 2002, p. 343.

48. É a luta do grupo Women for Life on Earth. Ver Alice Cook, Gwyn Kirk, *Des femmes contre des missiles. Rêves, idées et actions à Greenham Common* (1983), Cambourakis, 2016.

49. *Ibid.*, p. 27.

50. Foi a "Women's Pentagon Action". Ver Ynestra King, "Si je ne peux pas danser, je ne veux pas prendre part à votre révolution", in *Reclaim. Recueil de textes écoféministes*, ed. Émilie Hache, Cambourakis, 2016, p. 105-126.

51. Rebecca Solnit, *L'Art de marcher* [A história do caminhar], Actes Sud, 2002, p. 16-17.

52. "Forcer l'agriculture", ETCGroup.org, 12 fevereiro 2019.

53. Jacques Testart, *Le Vélo, le Mur et le Citoyen*, Belin, 2006, p. 26.

54. Katarzina Olga Beilin, Sainath Suryanarayanan, "The War between Amaranth and Soy : Interspecies Resistance to Transgenic Soy Agriculture in Argentina", *Environmental Humanities*, vol. 9, n° 2, 2017, p. 204-229.

55. Marie-Monique Robin, *Le Monde selon Monsanto. De la dioxine aux OGM, une multinationale qui vous veut du bien*, La Découverte, 2008.

56. "Este mundo (esta ordem do mundo-cosmos), o mesmo para todos, nenhum dos deuses, nenhum dos homens o criou, mas ele sempre foi, é e será, fogo sempre vivo, aceso de acordo com a medida, apagado de acordo com a medida" (Heráclito, fragmento 30, trad. fr. *in* Simone Weil, *Œuvres complètes*, t. 4, vol. 2, Gallimard, "NRF", 2009, p. 134-135).

57. Ver "Retour sur Terre. Pour une éthique de l'appartenance", *Écologie & Politique*, n° 57, Éditions Le Bord de l'Eau, fevereiro de 2018.

58. Jean Malaurie, *Terre Mère*, *op. cit.*, p. 54.

59. Trata-se da geo-engenharia e da bio-engenharia. Ver os trabalhos da ONG internacional ETC Group, ETCGroup.org ; Clive Hamilton, *Les Apprentis sorciers du climat*, Seuil, "Anthropocène", 2013.

60. Simone Weil, *Réflexions sur les causes de la liberté et de l'oppression sociale*, op. cit., p. 344.

61. Michel Foucault, *Naissance de la biopolitique. Cours au Collège de France, 1978-1979* [*Nascimento da biopolítica*], Gallimard-Seuil, "Hautes études", 2004.

62. Grégoire Chamayou, *La Société ingouvernable*, La Fabrique, 2018, p. 191 sq.

63. Hesíodo, *Théogonie. La Naissance des dieux* [*Teogonia. A origem dos deuses*], Rivages, 1993, p. 65, vers 118.

64. "Apocalypse No Rush. Fin du monde et climatisation", Lundi. am, 10 setembro 2018.

65. Günther Anders, *Le Temps de la fin*, op. cit., p. 45.

66. *Crime climatique, stop!*, Seuil, "Anthropocène", 2015.

67. Abandono não definitivo. Assim, depois que o furacão atingiu Nova Orleans, Richard Baker, representante republicano da Louisiana, declarou: "Finalmente conseguimos limpar as habitações populares de Nova Orleans. Não conseguíamos fazer isso nós mesmos, mas Deus fez por nós" (*Washington Post*, 10 de dezembro de 2005, citado por *Le Monde diplomatique*, dezembro de 2018).

68. Jean-Jacques Rousseau, "Lettre à Monsieur de Voltaire", in *Œuvres complètes*, t. 4, Gallimard, "Bibliothèque de la Pléiade", 1959, p. 1062.

69. Henry David Thoreau, *Les Forêts du Maine* (1864), Éditions Rue d'Ulm, 2004, p. 71.

70. Élisabeth Filhol, *Doggerland*, POL, 2019. Doggerland é o nome de um território submerso há oito mil anos sob o mar do Norte. O romance abre com o anúncio de um furacão incomum, com uma força mitológica, que atinge ao mesmo tempo a intimidade dos personagens e o tempo longo da geologia do mar do Norte.

71. Svetlana Alexievitch, *La Supplication. Tchernobyl, chroniques du monde après l'apocalypse*, JC Lattès, 1998, p. 128.

72. Citado *ibid.*, p. 57.

73. Annie Le Brun, *Perspective dépravée. Entre catastrophe réelle et catastrophe imaginaire*, Éditions du Sandre, 2011, p. 32.

74. Relato desconstruído por Christophe Bonneuil, Jean-Baptiste Fressoz, *L'Événement Anthropocène*, Seuil, "Anthropocène", 2013.

75. Citado por Svetlana Alexievitch, *La Supplication*, op. cit., p. 154.

76. Jean-Marc Royer, *Le Monde comme projet Manhattan. Des laboratoires du nucléaire à la guerre généralisée au vivant*, Le Passager clandestin, 2017, p. 189.

77. Svetlana Alexievitch, *La Supplication*, op. cit., p. 158.

78. Günther Anders, *L'Obsolescence de l'homme* (1956), L'Encyclopédie des nuisances, 2002, p. 311.

79. Michèle Lesbre, *Chère brigande. Lettre à Marion du Faouët*, Sabine Weispieser Éditeur, 2017, p. 28.

80. Gillen D'Arcy Wood, *L'Année sans été. Tambora, 1816. Le volcan qui a changé le cours de l'histoire*, La Découverte, 2016. Observo que *Frankenstein*, de Mary Shelley, foi escrito nesse período, nos Alpes suíços, seguido pouco depois por *O último homem*.

81. Dominique Bourg, *Une nouvelle Terre*, Desclée de Brouwer, 2018, p. 207.

82. Valérie Cabanes, *Un nouveau droit pour la Terre*, op. cit.

83. "Les limites de la Terre doivent être respectées et ses droits protégés" (discurso de Valérie Cabanes na tribuna das Nações Unidas), NotreAffaire-ATous.org, 23 abril 2019.

84. Arundhati Roy, "Pour le bien commun" , in *id.*, *Le Coût de la vie*, Gallimard, "Arcades", 1999, p. 25-112. Arundhati Roy relata que trinta milhões de pessoas, no mínimo, foram deslocadas pelas grandes barragens na Índia, na segunda metade do século X; a cifra mais provável é de cinquenta milhões (*ibid.*, p. 31-32): "As Grandes Barragens são para o 'Desenvolvimento' de um país aquilo que as bombas atômicas são para o seu arsenal miltar" (*ibid.*, p. 111).

85. Nadine Ribault, Thierry Ribault, *Les Sanctuaires de l'abîme. Chronique du désastre de Fukushima*, L'Encyclopédie des nuisances, 2012, p. 17.

86. Annie Le Brun, *Du trop de réalité*, Gallimard, "Folio", 2004, p. 28.

87. David Abram, *Comment la terre s'est tue. Pour une écologie des sens* (1996), La Découverte, 2013.

88. *Ibid.*, p. 125.

89. Grupo intergovernamental de peritos na evolução do clima.

90. O termo ecofeminismo foi inventado em 1974 por Françoise d'Eaubonne em seu livro *Le Féminisme ou la mort*, resposta ou complemento ao livro de René Dumont *L'Utopie ou la mort*, publicado no mesmo ano. Ver Françoise d'Eaubonne, *Écologie et féminisme. Révolution ou mutation ?* (1978), Libre & Solidaire, 2018. Ver também o belo artigo de Isabelle Cambourakis "Un écoféminisme à la française. Les liens entre mouvements féministe et écologiste dans les années 1970 en France" (2018), disponível em Journals.OpenEdition.org. Ver, por fim, *Reclaim, op. cit.*

91. Carolyn Merchant, *The Death of Nature: Women, Ecology and the Scientific Revolution*, HarperCollins, 1990, p. 68.

92. Jérôme Baschet, Défaire la tyrannie du présent. Temporalités émergentes et futurs inédits, La Découverte, "L'horizon des possibles", 2018, p. 109.

93. CampagneGlyphosate.com.

94. Alain Supiot, *La Gouvernance par les nombres*, Fayard, 2015.

95. Pablo Servigne, Raphaël Stevens, Gauthier Chapelle, *Une autre fin du* monde est possible. Vivre l'effondrement (et pas seulement y survivre), Seuil, "Anthropocène", 2018, p. 208.

96. Pierre Bergounioux, "L'approche des cigales", in *Du souffle dans les mots. Trente écrivains s'engagent pour le climat*, Arthaud, 2015, p. 27.

97. Jean Giono, *Le Chant du monde* (1934), Gallimard, "Folio", 2016, p. 81.

98. Rachel Carson, *Printemps silencieux* (1962), Wildproject, "Domaine sauvage", 2009, p. 26.

99. O DDT, ou diclorodifeniltricloroetano, é um produto químico de poderosas propriedades inseticidas. A partir dos anos 1970, mais de trinta países decretaram sua proibição. Foi desde então proibido para todo uso agrícola e "tolerado" para lutar contra insetos vetores de doenças, de acordo com a convenção de Estocolmo que regulamenta sua utilização desde 2004.

100. Stéphane Foucart, "Em 15 anos, 30 % das aves dos campos desapareceram", *Le Monde*, 21 de março de 2018.

101. NousVoulonsDesCoquelicots.org.

102. Segundo a ONG britânica Global Witness (Rémi Barroux, "2017, année la plus meurtrière pour les défenseurs de l'environnement", LeMonde. fr, 24 de julho de 2018).

103. LeGrandOrchestreDesAnimaux.com ; "Le Grand Orchestre des animaux", FondationCartier.com.

104. Bernie Krause, Le Grand Orchestre des animaux. Célébrer la symphonie de la nature, Flammarion, "Champs", 2018, p. 25.

105. *Ibid.*, p. 223.

106. *Ibid.*, p. 196-197.

107. Nancy Huston, "Alberta : l'horreur 'merveilleuse'", in *id.*, David Dufresne, Naomi Klein, Melina Laboucan-Massimo, Rudy Wiebe, *Brut. La ruée vers l'or noir*, Lux, 2015, p. 65.

108. Citado por Paul Tannery, *Pour l'histoire de la science hellène*, Alcan, 1887, p. 329.

109. Pier Paolo Pasolini, "L'article des lucioles", in *id.*, *Écrits corsaires* [*Escritos corsários*] (1976), Flammarion, "Champs", 2009, p. 181. O "algo" que acontece, para Pasolini, quando ele escreveu esse artigo em 1975, é o desaparecimento dos vaga-lumes, desaparecimento real com a poluição e a metáfora da poluição mental com o culto do consumo e o desaparecimento das resistências.

110. *Notre-Dame-des-Landes ou le métier de vivre*, texto de Christophe Laurens, conversa entre Patrick Bouchain e Jade Lindgaard, desenhos de estudantes de mestrado em "Alternatives urbaines" de Vitry-sur-Seine, photografias de Cyrille Weiner, Loco, 2018.

111. Émilie Massemin, "Voici les fleurs et les animaux qui vont (peut-être) sauver Notre-Dame-des-Landes", Reporterre.net, 12 de novembro de 2016.

112. Alexander von Humboldt, *Cosmos. Essai d'une description physique du monde* (1855-1859), t. 1, Hachette, 2012. Para uma abordagem dos grandes naturalistas do século XIX, Humboldt e Alfred Russel Wallace em particular, ver Romain Bertrand, *Le Détail du monde. L'art perdu de la description de la nature*, Seuil, "L'univers historique", 2019.

113. *Ibid.*, p. 14.

114. Ver por exemplo "Manifeste de l'Atelier d'écologie politique toulousain", AtEcoPol.Hypotheses.org.

115. Pablo Servigne, Gauthier Chapelle, *L'Entraide. L'autre loi de la jungle*, Les Liens qui libèrent, 2017.

116. Jean-Baptiste Vidalou, *Être forêts. Habiter des territoires en lutte*, Zones, 2017.

117. Fragment 123, trad. fr. *in* Simone Weil, *Œuvres complètes, op. cit.*, p. 143.

118. Vandana Shiva, "Le concept de liberté des femmes Chipk", in *id.*, Maria Mies, *Écoféminisme, op. cit.*, p. 273-277 ; *id.*, "Étreindre les arbres", in *Reclaim, op. cit.*, p. 183-209.

119. Jean Malaurie, *Terre Mère, op. cit.*, p. 52.

120. Raoul Rivages, "L'opposition au pipeline Dakota Access rejoint la lutte internationale indigène", Blogs.Mediapart.fr, 3 de novembro de 2016.

121. Rabindranath Tagore, *Sâdhanâ* (1913), Albin Michel, 1996, p. 19.

122. Antoine de Saint-Exupéry, *Terre des hommes* [*Terra dos homens*] (1939), Gallimard, 2018, p. 84.

123. Pierre Bergounioux, *Géologies*, Galilée, 2013, p. 11.

124. Escritos zapatistas, citados por Jérôme Baschet, *Défaire la tyrannie du présent, op. cit.*, p. 47.

125. Novalis, *Henri d'Ofterdingen* (1802), Gallimard, "L'imaginaire", 1997, p. 118.

126. André Breton, "Langue des pierres" (1957), in *Œuvres complètes*, t. 4, Gallimard, "Bibliothèque de la Pléiade", 2008, p. 958-965.

127. Annie Dillard, *Apprendre à parler à une pierre* (1982), Christian Bourgois, 1992.

128. Jean Malaurie, *Lettre à un Inuit de 2022*, Fayard, 2015, p. 31. Jean Malaurie era, para os inuit, "o homem que falava com as pedras".

129. Roger Caillois, "Pierres (trechos)", *Diogène*, n°207, 2004, p. 112-115.

130. Jan Zalasiewicz *et al.*, "Scale and Diversity of the Physical Technosphere: A Geological Perspective", *The Anthropocene Review*, vol. 4, n°1, 2017, p. 9-22, citado por Gérard Dubey, Pierre de Jouvancourt, *Mauvais temps. Anthropocène et numérisation du monde*, Dehors, 2018, p. 20.

131. Robert M. Hazen, *The Story of Earth: The First 4.5 Billion Years, from Stardust to Living Planet*, Penguin Books, 2013.

132. Wade Davis, *Pour ne pas disparaître. Pourquoi nous avons besoin de la sagesse ancestrale*, Albin Michel, "Latitudes", 2011, p. 117.

133. Robert M. Hazen, *The Story of Earth*, op. cit., p. 279.

134. Pascal Picq, *De Darwin à Lévi-Strauss. L'homme et la diversité en danger*, Odile Jacob, 2013, p. 157.

135. "La recherche de solutions pour l'extraction de sable durable a débuté", UNEnvironment.org, 3 de janeiro de 2019.

136. PeupleDesDunesEnTregor.com.

137. Ver Serge Latouche, *Survivre au développement. De la décolonisation de l'imaginaire économique à la construction d'une société alternative*, Mille et une nuits, 2004 ; id., *Faut-il refuser le développement?*, PUF, 1986 ; reedição Arthaud, 2019.

138. "A United States citizen engaged in commercial recovery of an asteroid resource or a space resource under this chapter shall be entitled to any asteroid resource or space resource obtained, including to possess, own, transport, use, and sell the asteroid resource or space resource obtained in accordance with applicable law, including the international obligations of the United States" ("H.R.2262 – U.S. Commercial Space Launch Competitiveness Act", Congress.gov).

139. Annie Le Brun, *Perspective dépravée*, op. cit., p. 62.

140. Ver a documentação precisa de Marie-Monique Robin, *Le Monde selon Monsanto*, op. cit.

141. Marc Laimé, "Le Rhône pollué par les PCB : un Tchernobyl français?", Blog.MondeDiplo.net, 14 de agosto de 2007.

142. François Jarrige, Thomas Le Roux, *La Contamination du monde. Une histoire des pollutions à l'âge industriel*, Seuil, "L'univers historique", 2017.

143. Gaspard d'Allens, Andrea Fuori, *Bure, la bataille du nucléaire*, Seuil, "Reporterre", 2018.

144. Jan Zalasiewicz, *The Earth After Us: What Legacy Will Humans Leave in the Rocks?*, Oxford University Press, 2008, p. 239. O autor é presidente do grupo de trabalho criado para avaliar o Antropoceno no seio da Comissão Internacional de Estratigrafia. Nessa obra, convida-nos a imaginar o que encontrariam no solo

os geólogos vindos de outros lugares na escala de cem milhões de anos.

145. Pierre Bergounioux, Joël Leick, *Les Restes du monde*, Fata Morgana, 2010, p. 25.

146. Kenzaburo Oe, *Notes de Hiroshima* (1965), Gallimard, "Arcades", 1996.

147. Svetlana Alexievitch, *La Supplication*, op. cit.

148. Nadine Ribault, Thierry Ribault, *Les Sanctuaires de l'abîme*, op. cit.

149. Michaël Ferrier, *Fukushima, récit d'un désastre*, Gallimard, "L'infini", 2012.

150. Amitav Ghosh, *The Great Derangement: Climat Change and the Unthinkable*, University of Chicago Press, 2017, p. 79.

151. Geneviève Azam, *Le Temps du monde fini. Vers l'après-capitalisme*, Les Liens qui libèrent, 2010.

152. Pablo Servigne, Raphaël Stevens, *Comment tout peut s'effondrer. Petit manuel de collapsologie à l'usage des générations présentes*, Seuil, "Anthropocène", 2015.

153. Céline Pessis, Sezin Topçu, Christophe Bonneuil (dir.), *Une autre histoire des "Trente Glorieuses". Modernisation, contestations et pollutions dans la France d'après-guerre*, La Découverte, 2013.

154. Bruno Latour, *Où atterrir? Comment s'orienter en politique*, La Découverte, 2017.

155. Rebecca Solnit, *A Paradise Built in Hell: The Extraordinary Communities that Arise in Disaster*, Viking, 2010; "A Paradise Built in Hell by Rebecca Solnit", YesMagazine.org, 13 août 2010.

156. Fabio Falchi *et al.*, "Un nouvel atlas mondial de la luminosité artificielle du ciel nocturne", *Science Advances*, 10 de junho de 2016.

157. Pier Paolo Pasolini, "L'article des lucioles", texto citado.

158. Günther Anders, *Le Temps de la fin*, op. cit., p. 103.

159. "Le manifeste de la Montagne Sombre (The Dark Mountain Manifesto)", Partage-le.com, 13 de outubro de 2018.

160. Rebecca Solnit, *A Paradise Built in Hell*, op. cit.

161. Jacques Lecomte, *La Bonté humaine. Altruisme, empathie, générosité*, Odile Jacob, 2012.

162. Michel Terestchenko, *Un si fragile vernis d'humanité. Banalité du mal, banalité du bien*, La Découverte, 2007.

163. Citada par Michel Terestchenko, "La littérature et l'expérience impitoyable du Bien", *Revue du MAUSS*, n° 51, 2018, p. 139.

164. Naomi Klein, *Le Choc des utopies. Porto Rico contre les capitalistes du désastre*, Lux, 2019, p. 28.

165. Essas plantas sempre foram inadequadas às construções estatais. Ver James C. Scott, *Homo domesticus*, op. cit., chap. 4.

166. Rebecca Solnit, *A Paradise Built in Hell*, op. cit., p. 87.

167. "'Hope Is an Embrace of the Unknown': Rebecca Solnit on Living in Dark Times", *Guardian*, 15 juillet 2016 ; Rebecca Solnit, *Garder l'espoir. Autres histoires, autres possibles*, Actes Sud, 2006.

168. Rob Nixon, *Slow Violence and the Environmentalism of the Poor*, Harvard University Press, 2011.

169. Arundhati Roy, *Le Ministère du bonheur suprême* [*O ministério da felicidade suprema*], Gallimard, "Du monde entier", 2018, p. 14.

170. Citada por Rebecca Solnit, *Garder l'espoir*, op. cit., p. 11.

171. André Breton, "Un grand poète noir", prefácio a Aimé Césaire, *Cahier d'un retour au pays natal*, op. cit., p. 81.

172. Virginie Maris, *La Part sauvage du monde*, op. cit., p. 9.

173. Marcel Detienne, Jean-Pierre Vernant, *Les Ruses de l'intelligence. La mètis des Grecs*, Flammarion, "Champs", 1974, p. 29.

174. Geneviève Azam, Françoise Valon, *Simone Weil*, op. cit.

175. Krisson McQueary, membro do comitê de redação do *Chicago Tribune*, 15 de agosto de 2015, citado por "Stratégie du choc à La Nouvelle-Orléans dans le sillage de l'ouragan Katrina. 'Une bénédiction'", *Le Monde diplomatique*, dezembro de 2018.

176. Susan George, *Leurs crises, nos solutions*, Albin Michel, 2010, p.15 sq.

177. Lena Balaud, Antoine Chopot, "Nous ne sommes pas seuls. Les alliances sylvestres et la division politique", LaDivisionPolitique. Toile-Libre. org, 2017.

178. Barbara Kingsolver, *Dans la lumière*, Payot & Rivages, 2013.

179. Jean Hegland, *Dans la forêt* (1996), Gallmeister, 2017.

180. Corinne Morel-Darleux, "L'effondrement comme métamorphose", Terrestres.org, 11 de outubro de 2018.

181. Joanna Macy, "Agir avec le désespoir environnemental", in *Reclaim*, op. cit., p. 175.

182. Jean-Henri Fabre, *Les Insectes, peuple extraordinaire*, Abeille & Castor, 2013. Jean-Henri Fabre (1823-1915) foi um homem das ciências, escritor e poeta. Victor Hugo disse que ele era "O Homero dos insetos".

183. Lena Balaud, Antoine Chopot, "Suivre la forêt. Une entente terrestre de l'action politique", Terrestres.org, 15 de novembro de 2018.

184. Nome dado pelo governo à ofensiva contra a ZAD de Notre-Dame-des-Landes em 2012.

185. Joanna Macy, "Agir avec le désespoir environnemental", texto citado, p. 178 e 162.

186. Maurice Merleau-Ponty, *Le Visible et l'Invisible* [*O visível e o invisível*] (1964), Gallimard, "Tel", 2014, p. 201.

187. Augustin Berque, *Être humains sur la Terre. Principes d'éthique de l'écoumène*, Gallimard, 1996; id., *Écoumène. Introduction à l'étude des milieux humains*, Belin, 2000.

188. Harald Welzer, *Les Guerres du climat. Pourquoi on tue au xxie siècle*, Gallimard, "NRF", 2009.

189. Kristin Ross, *L'Imaginaire de la Commune*, La Fabrique, 2015.

190. Christophe Bonneuil, Jean-Baptiste Fressoz, *L'Événement Anthropocène*, op. cit., p. 141-171.

191. "Estima-se que 70 milhões de litros do herbicida tenham sido despejados entre 1961 e 1971, que 40% das terras cultiváveis tenham sido contaminadas e que o Vietnã tenha perdido 23% de suas florestas" (*ibid.*, p. 148).

192. "Sob a pressão do potencial accumulado, a destruição devia necessariamente se realizar" (W. G. Sebald, *De la destruction comme élément de l'histoire naturelle*, Actes Sud, 2004, p. 73).

193. Rainer Maria Rilke, *Œuvres poétiques et théâtrales*, Gallimard, "Bibliothèque de la Pléiade", 1997, p. 548.

194. *Ibid.*, p. 203.

195. Ler o belíssimo livro de Virginie Maris sobre este assunto (*La Part sauvage du monde*, op. cit.).

196. "Des abeilles attaquent le siège de Bayer-Monsanto", France. Attac.org, 14 de março de 2019.

197. Valérie Cabanes, *Un nouveau droit pour la Terre, op. cit.*

198. A neotenia é um estado de incompletude no ser humano, herdado do nascimento especificamente prematuro dos humanos e não satisfeito no caso dos neotenistas adultos.

199. Trechos de sua obra-prima *Stalker*, filme lançado em 1979.

200. Greta Thunberg é a estudante sueca que iniciou em agosto de 2018 o levante dos jovens pelo clima.

201. Propostas do subcomandante Marcos, citadas por Rebecca Solnit, *Garder l'espoir, op. cit.*, p. 142.

SOBRE A AUTORA

Geneviève Azam (França, 1953) é ativista ambiental – com atuação na organização Attac France –, economista, professora e pesquisadora da Université Toulouse-Jean-Jaurès. Notadamente inspirada nos trabalhos de Karl Polanyi, Simone Weil e Marcel Mauss, ela tem conduzido debates e propostas a partir da concepção do "altermundialismo", um movimento cujos proponentes defendem a interação e a cooperação global, mas opondo-se aos efeitos negativos da globalização econômica, uma vez que esta não promove adequadamente os direitos humanos, a preservação ambiental e climática, a justiça econômica, a proteção laboral e a assistência às comunidades indígenas, por exemplo.

Geneviève Azam também tem realizado inúmeras ações, como a denúncia do cultivo de transgênicos em campo aberto e o apoio aos cortadores voluntários da associação "Alternative en Midi-Pyrénées". Além deste "Carta à Terra – e a Terra responde", é autora dos livros *Le Temps du monde fini* (LLL, 2010), *Osons rester humain. Les Impasses de la toute-puissance* (LLL, 2015) e *Simone Weil ou L'Expérience de la nécessité* (com Françoise Valon, Le Passager Clandestin, 2016).

© Relicário Edições, 2020
© Editions du Seuil, 2019

Dados internacionais de Catalogação na Publicação (CIP)

A991c

Azam, Geneviève

Carta à Terra: E a Terra responde / Geneviève Azam ; traduzido por Adriana Lisboa. - Belo Horizonte : Relicário, 2020.

164 p. ; 13cm x 19cm.

Tradução de: Lettre à la Terre - Et la Terre répond

ISBN: 978-65-86279-15-3

1. Ambientalismo. 2. Carta. 3. Questão ambiental. 4. Antropoceno. I. Lisboa, Adriana. II. Título.

CDD 577

2020-2661   CDU 574

Coordenação editorial **Maíra Nassif Passos**
Tradução **Adriana Lisboa**
Revisão **Laura Torres**
Projeto gráfico e diagramação **Ana C. Bahia**

Cet ouvrage, publié dans le cadre du Programme d'Aide à la Publication année X Carlos Drummond de Andrade de l'Ambassade de France au Brésil, bénéficie du soutien du Ministère de l'Europe et des Affaires étrangères. Cet ouvrage a bénéficié du soutien des Programmes d'aides à la publication de l'Institut Français.

Este livro, publicado no âmbito do Programa de Apoio à Publicação ano X Carlos Drummond de Andrade da Embaixada da França no Brasil, contou com o apoio do Ministério francês da Europa e das Relações Exteriores. Este livro contou com o apoio à publicação do Institut Français.

AMBASSADE DE FRANCE AU BRÉSIL
Liberté Égalité Fraternité

INSTITUT FRANÇAIS

Rua Machado, 155, casa 1, Colégio Batista | Belo Horizonte, MG, 31110-080
contato@relicarioedicoes.com | www.relicarioedicoes.com
@relicarioedicoes /relicario.edicoes

2ª REIMPRESSÃO [2021]

Esta obra foi composta em Edita e Soleil,
sobre papel Pólen Soft 80 g/m²
para a Relicário Edições.